Umwelt-Ratgeber BAU

Siegmund Kaub

Umwelt-Ratgeber BAU

Praxishandbuch für Bau- und Immobilienfachleute

2. Auflage

Springer Vieweg

Siegmund Kaub
Kaub Umwelt Consult
Roßdorf, Deutschland

ISBN 978-3-658-09442-3 ISBN 978-3-658-09443-0 (eBook)
DOI 10.1007/978-3-658-09443-0

Die Deutsche Nationalbibliothek verzeichnet diese Publikation in der Deutschen Nationalbibliografie; detaillierte bibliografische Daten sind im Internet über http://dnb.d-nb.de abrufbar.

Springer Vieweg

Lektorat: Ralf Harms

Gedruckt auf säurefreiem und chlorfrei gebleichtem Papier.

Springer Fachmedien Wiesbaden ist Teil der Fachverlagsgruppe Springer Science+Business Media (www.springer.com)

Vorwort

Umweltrelevante Fragen haben oft großen Einfluss auf Wirtschaftlichkeit und Durchführbarkeit von Bauprojekten.

Sei es zur Klärung eines möglichen Altlastenverdachts beim Kauf oder Verkauf eines Baugrundstücks, sei es durch die kostenintensive Sanierung von Gebäude-Schadstoffen, sei es durch erhöhte Aufwendungen zur Entsorgung kontaminierter Erdmassen.

Das Thema „Bauen und Umwelt" ist daher für viele Bau- und Immobilien-Fachleute von Bedeutung: für Bauherren und Investoren, Projekt-Entwickler, Baubetreuer und Projektsteuerer, Architekten und Planer, Generalunternehmer sowie letztlich die ausführenden Bauunternehmen.

Das vorliegende Buch erläutert die wichtigsten, in der Praxis relevanten Begriffe aus den Bereichen Altlasten-Sanierung, Abfallwirtschaft, Gebäude-Schadstoffe, Arbeitsschutz und Toxikologie, Umwelt-Analytik und Umwelt-Geologie sowie dem Umwelt-Recht.

Als Ergänzung der textlichen Informationen dienen eine Vielzahl von Ablauf-Diagrammen, Graphiken, Verfahrensbilder sowie Tabellen.

Ein weiterführendes Literaturverzeichnis sowie eine Zusammenstellung häufig verwandter Abkürzungen runden den Ratgeber ab.

Abkürzungsverzeichnis

AAS	Atom-Adsorptions-Spektrometrie
AGS	Ausschuss für Gefahrstoffe
AKW	Aromatische Kohlenwasserstoffe
AOX	Adsorbierbare organisch gebundene Halogene
AVV	Abfallverzeichnis-Verordnung
BAM	Bundesanstalt für Materialforschung
BaP	Benzo-a-pyren
BAT	Biologischer Arbeitsplatztoleranzwert
BG	Berufsgenossenschaft
BIA	Berufsgenossenschaftliches Institut für Arbeitsschutz
BBodSchG	Bundes-Bodenschutzgesetz
BBodSchV	Bundes-Bodenschutz- und Altlastenverordnung
BImSchG	Bundes-Immissionsschutzgesetz
BImSchV	Bundes-Immissionsschutzverordnung
BMU	Bundesministerium für Umwelt
BGR	Berufsgenossenschaftliche Regel
BSB	Biologischer Sauerstoffbedarf
BTEX	Benzol, Toluol, Ethylbenzol, Xylole
ChemG	Chemikaliengesetz
CKW	Chlorierte Kohlenwasserstoffe
CSB	Chemischer Sauerstoffbedarf
DDT	Dichlor-diphenyl-trichlorethan

DEV	Deutsche Einheitsverfahren zur Wasser-, Abwasser und Schlammuntersuchung
EAK	Europäischer Abfallkatalog
EPA	Environmental Protection Agency
FCKW	Fluor-Chlor-Kohlenwasserstoffe
FID	Flammen Ionisationsdetector
GC	Gaschromatographie
GefStoffV	Gefahrstoffverordnung
GGVE	Gefahrgutverordnung Eisenbahn
GGVS	Gefahrgutverordnung Strasse
HCH	Hexachlorcyclohexan
HKW	Halogenierte Kohlenwasserstoff
HPLC	High perfomance liquid chromatography (Hochleistungsflüssigkeitschromatographie)
HMD	Hausmülldeponie
IC	Ionenchromatographie
IR	Infrarot-Spektrometrie
KW	Kohlenwasserstoffe
KI	Kanzerogenitätsindex
KMF	Künstliche Mineralfasern
KrWG	Kreislaufwirtschaftsgesetz
KVF	Kontaminationsverdächtige Fläche
KVS	Kontaminationsverdächtiger Standort
LAGA	Länderarbeitsgemeinschaft Abfall
LAWA	Länderarbeitsgemeinschaft Wasser
LHKW	Leichtflüchtige halogenierte Kohlenwasserstoffe
MKW	Mineralöl-Kohlenwasserstoffe
MS	Massenspektrometrie
MVA	Müllverbrennungsanlage
NN	Normal Null

PAK	Polycyklische Aromatische Kohlenwasserstoffe
PCB	Polychlorierte Biphenyle
PCDD	Polychlorierte Dibenzodioxine
PCDF	Polychlorierte Dibenzofurane
PCP	Pentachlorphenol
Per	Tetrachlorethen
PID	Photo-Ionisations-Detektor
ppm	parts per million
PSA	Persönliche Schutzausrüstung
PVC	Polyvinylchlorid
REM	Rasterelektronenmikroskopie
RFA	Röntgenfluoreszenzanalyse
RKS	Rammkernsondierung
SAD	Sonderabfalldeponie
SAV	Sonderabfallverbrennung
SiGeKo	Sicherheits- und Gesundheitsschutzkoordinator
StAWA	Staatliches Amt für Wasser- und Abfallwirtschaft
TA	Technische Anleitung
TCDD	Tetrachlordibenzoparadioxin
TNT	Trinitrotoluol
TOX	Gesamt organisch gebundene Halogene
TRgA	Technische Regel für gefährliche Arbeitsstoffe
TRGS	Technische Regel für Gefahrstoffe
Tri	Trichlorethen
TRK	Technische Richtkonzentration
TS	Trockensubstanz
UBA	Umweltbundesamt
UTD	Untertagedeponie

UVP	Umwelt-Verträglichkeitsprüfung
UVS	Umwelt-Verträglichkeitsstudie
UVU	Umwelt-Verträglichkeitsuntersuchung
UVV	Unfallverhütungsvorschrift
VC	Vinylchlorid
VDF	Verdachtsfläche
VOB	Verdingungsordnung für Bauleistungen
VwV	Verwaltungsvorschrift
WGK	Wassergefährdungsklasse
WHG	Wasserhaushaltsgesetz
WHO	World Health Organisation
ZDB	Zentralverband der deutschen Bauwirtschaft

Inhaltsverzeichnis

Umwelt-Ratgeber BAU

Abbruch

Der Abbruch von Bauwerken oder Bauwerksteilen erfolgt je nach Abbruchobjekt durch mechanisch-hydraulische Verfahren wie dem Abgreifen, Einschlagen oder Eindrücken, der thermischen Trennung von Bauwerksteilen durch Brennschneiden oder dem Abbruch durch Sprengtechnik.

Der Abbruch von Gebäuden fand und findet auch heute noch mit der Abbruchbirne unmittelbar nach Räumung der Gebäude statt.

Dieses Vorgehen führt für den Abbruchunternehmer zu einem erhöhten Sortieraufwand bzw. zu einer Vervielfachung der Entsorgungskosten für die nun vermengten Abbruchmaterialien (Baumischabfälle).

Aufgrund knapper werdender Deponiekapazitäten, drastisch gestiegener Entsorgungskosten sowie den Bestimmungen des → Kreislaufwirtschaftsgesetzes zur Getrennthaltung von Abfällen geht die Tendenz weg vom unkontrollierten Abbruch hin zum → selektiven Rückbau.

S. Kaub, *Umwelt-Ratgeber BAU*, DOI 10.1007/978-3-658-09443-0_1

Abfall

Unter Abfall versteht das → Kreislaufwirtschaftsgesetz alle Stoffe oder Gegenstände, derer sich ihr Besitzer entledigt, entledigen will oder entledigen muss (§ 3 KrWG).

Je nach tatsächlichem Entsorgungsweg unterscheidet das KrWG grundsätzlich zwischen Abfällen zur Verwertung und Abfällen zur Beseitigung.

Je nach Gefährdungspotenzial der jeweiligen Abfallart erfolgt eine weitere Einteilung der Abfallarten in gefährliche und nicht gefährliche Abfälle.

Welche Abfälle als „gefährliche Abfälle“ eingestuft werden, ist in der → Abfallverzeichnis-Verordnung im Einzelnen aufgeführt.

Abfallbesitzer

Jede natürliche oder juristische Person, die die tatsächliche Sachherrschaft über Abfälle hat (§ 3 KrWG).

Zu den Grundpflichten von Abfallbesitzern (Bauunternehmer) gehören insbesondere die Pflicht zur Getrennthaltung von (Bau-)Abfällen, die Pflicht zur Verwertung von (Bau-)Abfällen, soweit dies technisch möglich und wirtschaftlich zumutbar ist sowie die Pflicht zur gemeinwohlverträglichen → Beseitigung von (Bau-)Abfällen.

Abfallerzeuger

Jede natürliche oder juristische Person, durch deren Tätigkeit Abfälle anfallen (Ersterzeuger) oder die Vorbehandlungen, Mischungen oder sonstige Behandlungen vornimmt, die eine Veränderung der Beschaffenheit oder der Zusammensetzung dieser Abfälle bewirken (Zweiterzeuger) (§ 3 KrWG).

Zu den Grundpflichten von Abfallerzeugern (Bauherr, Bauunternehmer) gehören insbesondere die Pflicht zur Getrennthaltung von (Bau-)Abfällen, die Pflicht zur Verwertung von (Bau-)Abfällen, soweit dies technisch möglich und wirtschaftlich zumutbar ist sowie die Pflicht zur gemeinwohlverträglichen → Beseitigung von (Bau-)Abfällen.

Abfallgesetz

→ Kreislaufwirtschaftsgesetz

Abfallkatalog

→ Abfallverzeichnis-Verordnung

Abfallschlüssel

Abfallschlüssel sind mehrstellige Zahlencodes zur eindeutigen Klassifikation unterschiedlicher Abfallarten.

In den Mitgliedsstaaten der Europäischen Union werden Abfälle nach ihrer Herkunft und Zusammensetzung mit Hilfe 6-stelliger Abfallschlüssel in 20 Hauptgruppen sowie entsprechende Untergruppen unterteilt.

Die im Rahmen von Bauvorhaben im Wesentlichen anfallenden → Bauabfälle sind in der Abfallverzeichnis-Verordnung unter der Bezeichnung „Bau- und Abbruchabfälle einschließlich Aushub von verunreinigten Standorten" unter der Hauptabfallgruppennummer 17 aufgeführt.

Die folgende Abbildung zeigt typische Bauabfälle, ihre Abfallbezeichnung sowie ihre Abfallschlüssel gemäß → Abfallverzeichnis-Verordnung.

Bauabfall	Abfall-Bezeichnung	AVV-Abfall-Schlüssel
Altmetall	gemischte Metalle	17 04 07
Bauschutt	Beton	17 01 01
Bauschutt	Ziegel	17 01 02
Bauschutt	Fliesen, Ziegel und Keramik	17 01 03
Bauschutt	Baustoffe auf Gipsbasis	17 08 02
Baustellen-mischabfälle	gemischte Bau- und Abbruchabfälle	17 09 04
Bodenaushub	Boden und Steine	17 05 04
Eisenschrott	Eisen und Stahl	17 04 05
Glasabfälle	Glas	17 02 02
Holz, unbehandelt	Holz	17 02 01
Kabelabfälle	Kabel	17 04 11
Mineralwolle, neu	Dämmmaterial	17 06 04

Ungefährliche Bauabfälle

Abfallverzeichnis-Verordnung

Die Abfallverzeichnis-Verordnung (AVV) ist das in der Bundesrepublik gültige Klassifikationssystem für Abfälle.

In der AVV sind alle Abfallarten mit Hilfe 6-stelliger Zahlencodes (→ Abfallschlüssel) nach ihrer Herkunft und Zusammensetzung in 20 Hauptgruppen sowie entsprechende Untergruppen unterteilt.

Die im Rahmen von Bauvorhaben im Wesentlichen anfallenden → Bauabfälle sind in der AVV unter der Hauptgruppe Nr. 17 „Bau- und Abbruchabfälle einschließlich Aushub von verunreinigten Standorten" aufgeführt. Eine Übersicht der Bauabfälle gemäß AVV enthält Anhang 4.

Abfall zur Beseitigung

Das Kreislaufwirtschaftsgesetz (KrWG) definiert Abfälle zur Beseitigung als Abfälle, die nicht verwertet werden (§ 3 KrWG).

Abfälle zur Beseitigung werden auf zugelassenen Deponien abgelagert oder durch chemisch-physikalisch oder thermische Behandlung dauerhaft von der Kreislaufwirtschaft ausgeschlossen.

Bei den im Rahmen von Bauvorhaben anfallenden Abfällen zur Beseitigung handelt es sich z. B. um Asbestprodukte, besonders belastete Althölzer oder Bauschutt bzw. Erdaushub mit schädlichen Verunreinigungen.

Bauunternehmer müssen in ihrer Eigenschaft als → Abfallerzeuger beachten, dass bei der Entsorgung gefährlicher Bauabfälle stets die Pflicht zur Nachweisführung gemäß § 50 KrWG besteht.

Die folgende Abbildung gibt einen Überblick über typische gefährliche Bauabfälle.

Bauabfall	Abfall-Bezeichnung	AVV-Abfall-Schlüssel
Asbest, schwach gebunden	Dämmmaterial, das Asbest enthält	17 06 01 *
Asbestzement, stark gebunden	Asbesthaltige Baustoffe	17 06 05 *
Asphalt, teer	Teerhaltige Bitumengemische	17 03 01 *
Bauschutt, kontaminiert	Gemische aus oder getrennte Fraktionen von Beton, Ziegeln, Fliesen und Keramik, die gefährliche Stoffe enthalten	17 01 06 *
Bodenaushub, kontaminiert	Boden und Steine, die gefährliche Stoffe enthalten	17 05 03 *
Holz, kontaminiert	Holz mit gefährlichen Stoffen	17 02 04 *
Mineralwolle, alt	Dämmmaterial aus gefährlichen Stoffen	17 06 03 *
PCB-haltige Abfälle	Bau- und Abbruchabfälle, die PCB enthalten	17 09 02 *
Teerpappe	Kohlenteer und teerhaltige Produkte	17 03 03 *

Gefährliche Bauabfälle (gemäß AVV)

Abfall zur Verwertung

Das Kreislaufwirtschaftsgesetz definiert Abfälle zur Verwertung als Abfälle, die verwertet werden (§ 3 KrWG).

Die Verwertung von Abfällen kann grundsätzlich zur Herstellung neuer Produkte (stoffliche Verwertung) oder zur Gewinnung von Energie (energetische Verwertung) erfolgen.

Die im Rahmen von Bauvorhaben überwiegend anfallenden, nicht oder gering belasteten mineralischen Massenabfälle Bauschutt und Erdaushub werden größtenteils im Erd-, Straßen-, Landschafts- und Deponiebau oder zur Verfüllung von Baugruben oder Rekultivierungsmaßnahmen eingesetzt und damit im Sinne des KrWG einer stofflichen Verwertung zugeführt.

Adsorption

Anlagerung von gasförmigen oder gelösten Stoffen an ein Trägermaterial mit großer spezifischer Oberfläche aufgrund zwischen-molekularer van der Waals Kräfte.

Adsorptionsverfahren kommen insbesondere bei der Sanierung von Altlasten zum Einsatz.

Beispiele hierfür sind die Sanierung der Umweltmedien Bodenluft und Grundwasser von leichtflüchtigen Schadstoffen wie z. B. CKW oder BTEX mit Hilfe von Adsorptionsmitteln wie → Aktivkohle.

Aerob

Bezeichnung für die Lebensweise von tierischen oder pflanzlichen Organismen, die Sauerstoff zur Atmung brauchen.

Aerobe Mikroorganismen dienen im Rahmen der → biologischen Bodensanierung dem gezielten Abbau von Bodenschadstoffen, wie z. B. Mineralölen oder anderen organischen Verbindungen.

Aktivkohle

Aktivkohle ist ein im Wesentlichen aus Kohlenstoff bestehender Feststoff. Charakteristisch für Aktivkohle ist ihre große innere Oberfläche (bis zu 2000 Quadratmeter je Gramm) sowie die hieraus resultierende hohe Porosität.

Ausgangsmaterial zur Herstellung von Aktivkohlen sind kohlenstoffhaltige Rohstoffe wie z. B. Holz, Torf, Braunkohle, Steinkohle oder Kokosnusssschalen.

In der Altlasten-Praxis werden Aktivkohlen insbesondere als Adsorptionsmittel zur → Sanierung von Bodenluft- und Grundwasserschäden eingesetzt.

Aliphatische Kohlenwasserstoffe

Organische Verbindungen, deren Kohlenstoffatome in geraden oder verzweigten Ketten angeordnet sind.

Aliphatische Kohlenwasserstoffe sind z. B. in folgenden Mineralölprodukten enthalten: Brennstoffe (Heizöle), Kraftstoffe (Benzine, Diesel, Kerosin), Schmierstoffe (Schmieröl) oder Lösungsmittel (Waschbenzin).

Im Rahmen der → Sanierung von Altlasten wie z. B. ehemaligen Tankstellengeländen werden aliphatische Kohlenwasserstoffe oft als Kontaminanten der Umweltmedien Boden, Bodenluft und Grundwasser nachgewiesen.

Altablagerung

Das Bundes-Bodenschutzgesetz definiert Altablagerung als stillgelegte Abfallbeseitigungsanlage sowie sonstiges Grundstück, auf dem Abfälle behandelt, gelagert oder abgelagert worden sind (§ 2 BBodschG).

Zu Altablagerungen zählen sowohl ehemalige kommunale oder betriebseigene insbesondere aber auch behördlich nicht zugelassene, sogenannte „wilde Deponien".

Altablagerungen, durch die schädliche Bodenveränderungen oder sonstige Gefahren für den Einzelnen oder die Allgemeinheit hervorgerufen werden, sind → Altlasten im Sinne des Bundes-Bodenschutzgesetzes.

Wichtige Informationen über Altablagerungen (Schadstoff-Inventar, räumliche Ausdehnung, Flurstücke etc.) erhalten Bauherren durch Einsicht in behördlich geführte → Altlastenkataster.

Altholz

Unter Altholz versteht man einerseits Holzreste aus holzbe- und verarbeitenden Betrieben sowie der Holz-Werkstoffindustrie (Industrierestholz) andererseits gebrauchte Erzeugnisse aus Massivholz, Holzwerkstoffen oder Verbundstoffe mit überwiegendem Holzanteil (Gebrauchtholz), soweit diese als → Abfall anfallen (Altholz-Verordnung).

Die Entsorgung von Althölzern kann grundsätzlich durch stoffliche oder energetische Verwertung oder durch thermische Beseitigung erfolgen.

Im Rahmen von Bauvorhaben fällt Altholz beispielsweise als Schalholz, Palette, Kabeltrommel, Dachkonstruktion, Verkleidung, Tür, Fensterrahmen, Mobiliar oder als Parkett an.

Je nach vorheriger Verwendung kann Bau- und Abbruchholz mit einer Vielzahl unterschiedlicher Stoffe wie z. B. Lacke, Farben, Klebstoffe oder → Holzschutzmittel behandelt sein und bedarf in diesen Fällen einer gesonderten Entsorgung als behandeltes, belastetes oder besonders belastetes Altholz.

Folgende Abbildung gibt eine Übersicht über die Altholz-Kategorien gemäß der Verordnung über Anforderungen an die Verwertung und Beseitigung von Altholz (Altholz-Verordnung).

Altholz-Kategorien

Kategorie 1 : Unbehandeltes Altholz
Naturbelassenes oder lediglich mechanisch bearbeitetes Altholz, das bei seiner Verwendung nicht mehr als unerheblich mit holzfremden Stoffen verunreinigt wurde

Kategorie 2 : Behandeltes Altholz
Verleimtes, beschichtetes, lackiertes oder anderweitig behandeltes Altholz ohne halogenorganische Verbindungen in der Beschichtung und ohne Holzschutzmittel

Kategorie 3 : Belastetes Altholz
Altholz mit halogenorganischen Verbindungen in der Beschichtung und ohne Holzschutzmittel

Kategorie 4 : Besonders belastetes Altholz
mit Holzschutzmitteln behandeltes Altholz, wie Bahnschwellen, Leitungsmasten, Hopfenstangen, Rebpfähle, sowie sonstiges Altholz, das aufgrund seiner Schadstoffbelastung nicht in die Altholz-Kategorien I, II, oder III eingeordnet werden kann, ausgenommen PCB-Altholz.

Altholz-Kategorien (gemäß Altholzverordnung)

Altlasten

Das am 1. März 1999 in Kraft getretene Bundes-Bodenschutzgesetz (§ 2 BBodSchG) definiert Altlasten als:

1. Stillgelegte Abfallbeseitigungsanlagen sowie sonstige Grundstücke, auf denen Abfälle behandelt, gelagert oder abgelagert worden sind (→ Altablagerungen) und

2. Grundstücke stillgelegter Anlagen und sonstige Grundstücke, auf denen mit umweltgefährdenden Stoffen umgegangen worden ist, ausgenommen Anlagen, deren Stilllegung einer Genehmigung nach dem Atomgesetz bedürfen (→ Altstandorte),

durch die schädliche Bodenveränderungen oder sonstige Gefahren für den Einzelnen oder die Allgemeinheit hervorgerufen werden.

Altlast-Definition

Ob es sich bei einem Grundstück um eine Altlast handelt oder nicht, wird von der zuständigen Altlastenbehörde auf Grundlage einer gutachterlichen Gefährdungsabschätzung einzelfallbezogen festgestellt.

Nach Altlastenfeststellung wird das oder die betreffenden Flurstücke in ein behördlich geführtes Altlastenkataster aufgenommen.

Erbringt der → Sanierungspflichtige gegenüber der zuständigen Behörde den Nachweis der erfolgreichen Sanierung des betroffenen Flurstückes wird die Altlastenfeststellung von der Behörde aufgehoben und der Katastereintrag gelöscht.

Bauherren sollten beachten, dass unabhängig von einer behördlichen Altlastfeststellung bei Bauvorhaben im

Rahmen der Erdarbeiten teilweise erhebliche Massen aufgefüllter Böden (→ Auffüllung) anfallen, die aufgrund ihrer Schadstoffgehalte als belasteter Erdaushub vergleichsweise teuer entsorgt werden müssen.

Altlasten-Bearbeitung

Die Bearbeitung von Altlastprojekten erfolgt bundeseinheitlich in drei aufeinander aufbauenden Phasen:

Phase 1: Erfassung,
Phase 2: Gefährdungsabschätzung,
Phase 3: Sanierung.

Jede Phase endet mit einer Entscheidung der zuständigen Altlastenbehörde ob für eine betrachtete Fläche Handlungsbedarf in Form weiterer Untersuchungen oder Sanierungsmaßnahmen besteht oder ob die Fläche aufgrund fehlender konkreter Verdachtsmomente aus der weiteren Bearbeitung ausscheidet.

Werden → Altlasten im Vorfeld von Baumaßnahmen erkannt, können Art, Umfang und Kosten erforderlicher Sanierungsmaßnahmen durch Fachgutachter frühzeitig ermittelt werden.

Damit erhalten Bauherren und Projekt-Steuerer wichtige Entscheidungsgrundlagen für Bauablaufplanung und Kostencontrolling des Gesamt-Projektes.

Die folgende Abbildung gibt einen Überblick über den mehrstufigen Prozess der Altlastenbearbeitung.

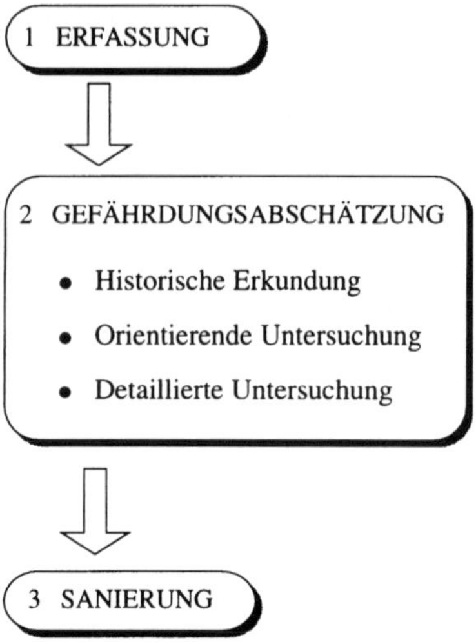

Altlasten-Bearbeitung

Altlastenkataster

Die für Altlasten zuständigen Behörden führen für ihrem regionalen Zuständigkeitsbereich eine EDV-gestützte Datensammlung, in der alle vorliegenden Erkenntnisse (Flurstücke, Schadstoffe, Gefährdungspotenzial etc.) über → Altlasten oder altlastverdächtige Flächen enthalten sind.

Die Altlasten- oder Verdachtsflächen-Kataster können von Bauherren, z. B. im Vorfeld von Grundstückskäufen oder geplanten Baumaßnahmen bei der zuständigen Altlastenbehörde eingesehen werden.

Altlasten-Sanierung

Unter Altlastensanierung versteht man die Anwendung technischer Verfahren mit dem vorrangigen Ziel die von einer → Altlast ausgehenden Gefahren für Leben und Gesundheit von Menschen unter Berücksichtigung der vorhandenen oder geplanten Nutzung eines Grundstückes abzuwenden.

Das Bundes-Bodenschutzgesetz (§ 2 BBodSchG) unterscheidet drei Verfahrensgruppen zur Sanierung von Altlasten:

1. Verfahren zur Beseitigung oder Verminderung der Schadstoffe (Dekontaminationsverfahren),
2. Verfahren, die eine Ausbreitung der Schadstoffe langfristig verhindern oder vermindern, ohne die Schadstoffe zu beseitigen (Sicherungsverfahren) sowie
3. Verfahren zur Beseitigung oder Verminderung schädlicher Veränderungen der physikalischen, chemischen oder biologischen Beschaffenheit des Bodens.

Welche Verfahren bei der Sanierung einer Altlast im Einzelfall zur Anwendung kommen ist von vielen Faktoren abhängig, von denen das von der Altlast ausgehende Gefährdungspotenzial, die geologischen und hydrogeologischen Standortbedingungen sowie nicht zuletzt die vorhandenen finanziellen Mittel zur Schadenssanierung die wichtigsten sind.

Folgende Abbildung gibt einen Überblick über die verschiedenen Verfahren der Altlastensanierung.

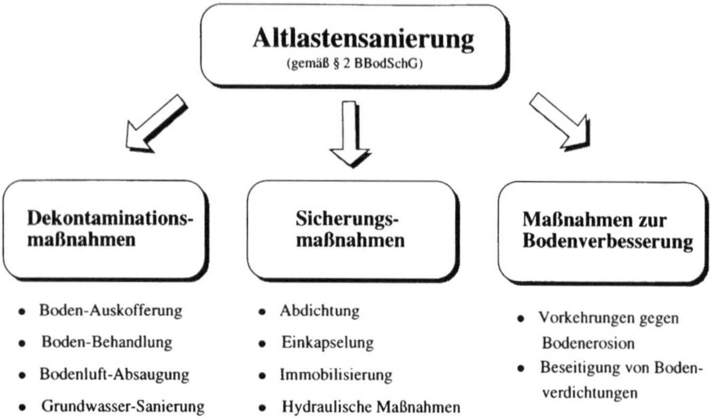

Altlastensanierung

Altlastverdächtige Fläche

Das Bundes-Bodenschutzgesetz definiert Altlastverdächtige Flächen als → Altablagerungen und → Altstandorte, bei denen der Verdacht schädlicher Bodenveränderungen oder sonstiger Gefahren für den Einzelnen oder die Allgemeinheit besteht (§ 2 BBodSchG).

Da Altlastverdächtige Flächen in der Regel nicht an Grundstücks- oder Flurstücksgrenzen enden, umfasst der Begriff „Altlast-verdächtige Fläche" Altablagerungen und Altstandorte in ihrer grenzüberschreitenden räumlichen Ausdehnung.

Typische Altlastverdächtige Flächen sind z. B. stillgelegte Deponien, alte Gaswerke, Tankstellengelände aber auch ehemalige militärische Liegenschaften, sogenannte → Rüstungsaltlasten.

Wichtige Informationen über Altlastverdächtige Flächen (Schadstoff-Inventar, räumliche Ausdehnung, Flurstücke etc.) erhalten Bauherren durch Einsicht in behördlich geführte → Altlastenkataster.

Altstandort

Das Bundes-Bodenschutzgesetz definiert Altstandorte als Grundstücke stillgelegter Anlagen und sonstige Grundstücke, auf denen mit umweltgefährdenden Stoffen umgegangen worden ist, ausgenommen Anlagen, deren Stilllegung einer Genehmigung nach dem Atomgesetz bedürfen (§ 2 BBodschG).

Zu Altstandorten zählen z. B. ehemalige Industriebetriebe wie Gießereien oder Gaswerke aber auch stillgelegte chemische Reinigungen oder Tankstellengelände.

Altstandorte, durch die schädliche Bodenveränderungen oder sonstige Gefahren für den Einzelnen oder die Allgemeinheit hervorgerufen werden, sind → Altlasten im Sinne des Bundes-Bodenschutzgesetzes.

Wichtige Informationen über Altstandorte (Schadstoff-Inventar, räumliche Ausdehnung, Flurstücke etc.) erhalten Bauherren durch Einsicht in behördlich geführte → Altlasten- bzw. Verdachtsflächenkataster.

Anaerob

Bezeichnung für die Lebensweise von tierischen oder pflanzlichen Organismen, die keinen Sauerstoff zur Atmung brauchen.

Anaerobe Mikroorganismen dienen im Rahmen der → biologischen Bodensanierung dem gezielten Abbau von Bodenschadstoffen, wie z. B. Mineralölen oder anderen organischen Verbindungen.

Anthropogen

In der Altlastenpraxis wird der Begriff „anthropogen" zur Beschreibung eines durch den Menschen verursachten Eintrags von Schadstoffen in die Umwelt verwandt.

Typische anthropogene Belastungen sind die in vielen innerstädtischen Ballungszentren anzutreffende → Auffüllung.

Die im Rahmen von Baumaßnahmen anfallenden Auffüllmassen sind oft mit umweltrelevanten Schadstoffen wie z. B. Schwermetallen oder Kohlenwasserstoffen belastet. Als kontaminierter Erdaushub können Auffüllböden nicht ohne Einschränkungen verwertet werden und müssen daher vergleichsweise teuer entsorgt werden.

Aquifer

Unter einem Aquifer versteht man in der Hydrogeologie einen Gesteinskörper im Fest- oder Lockergestein, der → Grundwasser enthält und hydraulisch geeignet ist, es weiterzuleiten.

Der Begriff Aquifer wird oft synonym zum genormten Begriff des Grundwasserleiters gebraucht.

Je nach Art der durchflusswirksamen Hohlräume unterscheidet man grundsätzlich zwischen Poren- und Kluft-Grundwasserleitern.

Aquifere sind wichtige Schutzgüter, insbesondere zur Versorgung der Bevölkerung mit Trinkwasser in Wasserschutzgebieten.

Eingriffe in den Grundwasser-Haushalt z. B. im Rahmen der Wasserhaltung von Baumaßnahmen bedürfen der behördlichen Genehmigung.

Arbeiten in kontaminierten Bereichen

Unter Arbeiten in kontaminierten Bereichen versteht man alle Tätigkeiten in Bereichen, die Gefahrstoffe in den Menschen und oder die Umwelt schädigenden Ausmaß enthalten.

Im Bereich der Bauwirtschaft fallen hierunter insbesondere der Abbruch schadstoffverunreinigter Anlagen und Gebäude, die Sanierung von Altlasten oder Brandschäden oder Tätigkeiten im Deponiebau.

Vor Arbeiten in kontaminierten Bereichen hat der Arbeitgeber diese der zuständigen Arbeitsschutzbehörde sowie der betreffenden Berufsgenossenschaft anzuzeigen, die arbeitsmedizinische Untersuchung der beschäftigten Arbeitnehmer sicherzustellen sowie durch Erstellung eines → Sicherheits- und Gesundheitsschutzplanes (SiGe-Plan) Arbeitsschutzmaßnahmen in Abhängigkeit der Gefährdung der Beschäftigten festzulegen.

Sanierungsbaustellen bestehen in der Regel aus dem eigentlichen Sanierungsbereich (Schwarzbereich) sowie einem von diesem über spezielle Schleusen getrennten öffentlich zugänglichen Bereich (Weißbereich).

Der Nachweis des Sanierungserfolgs erfolgt je nach vorliegenden Schadstoffen entweder durch visuelle Inspektion, durch Entnahme von Kontakt- oder Wischproben oder durch messtechnische Untersuchung der Raumluft.

Bei Arbeiten in kontaminierten Bereichen sind in Abhängigkeit der im Einzelfall nachgewiesenen Gefahrstoffe verschiedene Technische Regeln für Gefahrstoffe (TRGS), Unfallverhütungsvorschriften, Merkblätter und Richtlinien zu beachten.

Von grundlegender Bedeutung sind die TRGS Nr. 524: Sanierung und Arbeiten in kontaminierten Bereichen sowie die vom Hauptverband der gewerblichen Berufsgenossenschaften herausgegebene → Berufsgenossenschaftliche Regel BGR Nr. 128 bezüglich Arbeiten in kontaminierten Bereichen.

Arbeitsmedizinische Vorsorgeuntersuchungen

Arbeitsmedizinische Vorsorgeuntersuchungen dienen der Überwachung des Gesundheitszustandes von Beschäftigten, die im Rahmen ihrer beruflichen Tätigkeit Umgang mit → Gefahrstoffen haben.

Verantwortlich für die Durchführung der arbeitsmedizinischen Vorsorgeuntersuchungen ist der Arbeitgeber im Rahmen seiner Fürsorgepflicht.

Der Umfang der erforderlichen Untersuchungen richtet sich nach der möglichen Gefährdung der Beschäftigten durch die bei den Arbeiten auftretenden Schadstoffe.

Für die Bauwirtschaft sind arbeitsmedizinische Vorsorgeuntersuchungen insbesondere bei → Arbeiten in kontaminierten Bereichen wie der Sanierung von Altlasten oder Gebäudeschadstoffen wie zum Beispiel Asbest oder PCB von Bedeutung.

Folgende Abbildung zeigt die von der Berufsgenossenschaft zur Vereinheitlichung der arbeitsmedizinischen Vorsorgeuntersuchungen aufgestellten Grundsätze (BG-Grundsätze).

Nr.	Titel	Nr.	Titel
G 1.1	Quarzhaltiger Staub	G 21	Kältearbeiten
G 1.2	Asbestfaserhaltiger Staub	G 22	Säureschäden der Zähne
G 1.3	Keramikfaserhaltiger Staub	G 23	Obstruktive Atemwegserkrankungen
G 2	Blei oder seine Verbindungen	G 24	Hauterkrankungen
G 3	Bleialkyle	G 25	Fahr- Steuer-, Überwachungstät.
G 4	Gefahrstoffe, die Hautkrebs hervorr.	G 26	Atemschutzgeräte
G 5	Nitroglykol, Nitrogylcerin	G 27	Isocyanate
G 6	Kohlenstoffdisulfid	G 28	Monochlormethan
G 7	Kohlenmonoxid	G 29	Benzolhomologe
G 8	Benzol	G 30	Hitzearbeiten
G 9	Quecksilber oder seine Verbind.	G 31	Überdruck
G 10	Methanol	G 32	Cadmium oder Verbindungen
G 11	Schwefelwasserstoff	G 33	Arom. Nitro- und Amino-Verb.
G 12	Phosphor (weiß)	G 34	Fluor oder seine anorg. Verb.
G 13	Tetrachlormethan	G 35	Arbeitsaufenthalt im Ausland
G 14	Trichlorethen	G 36	Vinylchlorid
G 15	Chrom-VI-Verbindungen	G 37	Bildschirmarbeitsplätze
G 16	Arsen oder seine Verbindungen	G 38	Nickel oder s. Verbindungen
G 17	Tetrachlorethen	G 39	Schweißrauche
G 18	Tetra- oder Pentachlorethan	G 40	Krebserzeugende Gefahrstoffe
G 19	Laserstrahlung (entfällt)	G 41	Arbeiten mit Absturzgefahr
G 20	Lärm	G 42	Tätigkeiten m. Infektionsgefahr
		G 43	Biotechnologie
		G 44	Buchen- und Eichenholzstaub
		G 45	Styrol

Arbeitsmedizinische Vorsorgeuntersuchungen

Aromatische Kohlenwasserstoffe

Unter der Bezeichnung Aromatische Kohlenwasserstoffe (AKW) werden ringförmige organische Verbindungen mit dem gemeinsamen Grundbaustein → Benzol zusammengefasst.

Aromatische Kohlenwasserstoffe entstehen zum Beispiel bei Brandschäden (Dioxine, Furane), sind Zusatzstoffe in Kraftstoffen (Benzol, Toluol, Xylol) finden sich in teerhaltigem Straßenaufbruch oder Parkettkleber (PAK) oder dienen als Weichmacher in Fugendichtungen (PCB).

Besonders problematisch sind aromatische Kohlenwasserstoffe für den Menschen aufgrund der Tatsache, dass einige von ihnen toxikologisch als krebserregend (→ kanzerogen) oder erbgutverändernd (mutagen) eingestuft sind.

Folgende Abbildung gibt eine Übersicht über wichtige umweltrelevante Aromatische Kohlenwasserstoffe.

Wichtige Aromatische Kohlenwasserstoffe

- Benzo-a-pyren (BaP)
- Benzol
- Dioxine (PCDD)
- Furane (PCDF)
- Phenol
- Polychlorierte Biphenyle (PCB)
- Polyzyklische Aromatische Kohlenwasserstoffe (PAK)
- Toluol
- Xylol

Wichtige Aromatische Kohlenwasserstoffe

Asbest

Asbest ist eine Sammelbezeichnung für eine Gruppe von sechs natürlich vorkommenden mineralischen Rohstoffen von denen der Chrysotil (Weißasbest) die größte wirtschaftliche Bedeutung hat.

Aufgrund technologisch erwünschter Eigenschaften wie z. B. Unbrennbarkeit, Elastizität, Adsorptionsfähigkeit u. v. m. wurde Asbest in großem Umfang auch in der Bauwirtschaft, insbesondere im Bereich des Brandschutzes eingesetzt.

Die von Asbest ausgehenden Gesundheitsgefahren beruhen im Wesentlichen auf der Einatmung mikroskopisch kleiner, lungengängiger Fasern, die insbesondere zu → Asbestose, Lungenkrebs oder Mesotheliomen (Krebs an Rippen- oder Bauchfell) führen können.

Je nach Dichte des Asbestproduktes unterscheidet man in der Sanierungstechnik grundsätzlich zwischen stark gebundenen Asbest-Produkten (Asbest-Zement-Produkte) wie z. B. Dacheindeckungen oder Fassadenverkleidungen und schwach gebundenen Asbest-Produkten wie z. B. Spritzasbest.

Folgende Tabelle gibt einen Überblick über das Vorkommen von Asbest in der Bauwirtschaft.

Gruppe	Anwendungsbeispiele
Stark gebundene Asbestprodukte (Rohdichte > 1400 kg/m^3)	• Dacheindeckungen • Fassadenverkleidungen • Fensterbänke • Fußbodenbeläge • Lüftungskanäle • Trennwände • Abwasserrohre
Schwach gebundene Asbestprodukte (Rohdichte < 1000 kg/m^3)	• Spritzasbest • leichte Platten • Dichtungen • Pappen • Klebstoff-Zusätze
Asbesthaltige Bauteile und Geräte	• Brandschutztüren • Brandschutzklappen • Nachtspeicheröfen

Anwendung von Asbest in der Bauwirtschaft

Asbestose

Unter Asbestose versteht man eine durch Einatmung von Asbestfasern verursachte, krankhafte Narbenbildung im Bereich des Lungengewebes.

Asbestose führt zu Reizhusten, Atemnot und Auswurf, häufig aber auch zu Asbest-Lungenkrebs.

Asbestose ist eine melde- und entschädigungspflichtige Berufskrankheit.

Arbeitnehmer, die als Sanierungsfachkräfte Umgang mit Asbest haben müssen sich in regelmäßigen Zeitabständen → arbeitsmedizinischen Vorsorgeuntersuchungen unterziehen.

Asbest-Richtlinien

Die Asbest-Richtlinien regeln als Technische Baubestimmung die Grundsätze für die Bewertung und Sanierung schwach gebundener Asbestprodukte in Gebäuden.

Schwach gebundene Asbestprodukte im Sinne der Richtlinie sind Asbestprodukte mit einer Rohdichte von weniger als 1000 kg/cbm, wie z. B. leichte asbesthaltige Platten (Handelsname: Promabest) oder Spritzasbest.

Bei der Beurteilung von Asbestprodukten werden durch Asbest-Sachverständige alle im Einzelfall relevanten Einflussgrößen wie z. B. Art und Zustand des Asbestprodukts oder die jeweilige Raumnutzung mit Hilfe einer Bewertungsmatrix einzeln gewichtet und abschließend bewertet.

Je nach Summe der Bewertungspunkte wird die Dringlichkeit einer Asbestsanierung wie folgt beurteilt:

Dringlichkeitsstufe I: > 80 Punkte Sanierung unverzüglich erforderlich,
Dringlichkeitsstufe II: 70–79 Punkte Neubewertung mittelfristig erforderlich,
Dringlichkeitsstufe II: < 70 Punkte Neubewertung langfristig erforderlich.

Neben der Bewertung schwach gebundener Asbestprodukte regeln die Asbest-Richtlinien des Weiteren die Grundsätze der einzelnen Sanierungsverfahren (→ Asbest-Sanierung) sowie die zum Nachweis des Sanierungserfolgs erforderlichen → Raumluft-Messungen.

Die folgende Abbildung zeigt die beim Auftreten schwach gebundener Asbestprodukte in Gebäuden gemäß gültigen Asbest-Richtlinien vorgeschriebene Vorgehensweise.

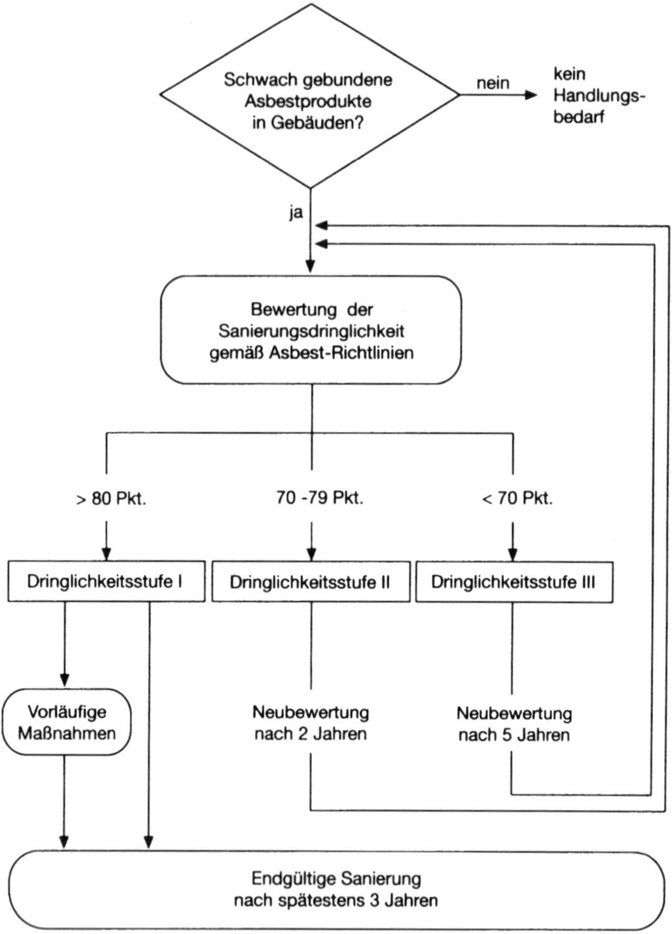

Bewertung von Asbestprodukten

Asbest-Sanierung

Unter einer Asbest-Sanierung versteht man die Anwendung technischer Verfahren zur Beseitigung einer Gesundheitsgefährdung von Gebäudenutzern durch den Bauschadstoff → Asbest.

Bei der Sanierung von Asbest-Produkten werden drei unterschiedliche Sanierungsmethoden angewandt:

Sanierungsmethode 1: Entfernen: Vollständige Entfernung des Asbest-Produkts,
Sanierungsmethode 2: Beschichten: Beschichtung des Asbest-Produkts mit einem plastoelastischen Medium,
Sanierungsmethode 3: Räumliche Trennung: Staubdichte Abkapselung des Asbest-Produkts vom Raum.

Die Beurteilung der Notwendigkeit einer Asbest-Sanierung erfolgt von Asbest-Sachverständigen durch Bewertung des im Einzelfall vorliegenden Gefährdungspotenzials.

Welche Sanierungsmethode im Einzelfall angewandt wird hängt neben Kriterien wie der Festigkeit des Asbest-Produktes oder möglichen Beeinträchtigungen durch die zukünftige Nutzung insbesondere von der Akzeptanz der betroffenen Gebäudenutzer ab.

Die Durchführung einer Asbestsanierung wird von Fachgutachtern durch Erstellung von Sanierungskonzepten geplant, überwacht und abschließend dokumentiert. Der Erfolg einer Sanierungsmaßnahme wird u. a. durch → Raumluft-Messungen nachgewiesen.

Die folgende Abbildung zeigt eine vergleichende Gegenüberstellung der angewandten Sanierungsmethoden.

	Methode 1 Enfernen	Methode 2 Beschichten	Methode 3 Räuml. Trennen
Voraussetzungen			
• Akzeptanz der Nutzer	ja	bedingt	bedingt
• Festigkeit des Asbestproduktes	nein	ja	nein
• Konstruktive Gegebenheiten	ja	nein	ja
• Beeinträchtigung d. zukünftige Nutzung	ohne Bedeutung	ist auszuschließen	ist auszuschließen
Zeitbedarf	hoch	mittel	mittel-kurz
Sanierungskosten	relativ hoch	relativ gering	relativ gering
Brandschutz-Wiederherstellung	erforderlich	nicht erforderlich	nicht erforderlich
Nachkontrolle	nein	ja	ja

Vergleich Asbest-Sanierungsmethoden

Auffüllung

Unter Auffüllung versteht man die über dem natürlich gewachsenen Boden anstehenden Bodenschichten anthropogenen Ursprungs.

Auffüllböden sind ein heterogenes Gemenge von Boden mit je nach Geländevornutzung unterschiedlichen Fremdbestandteilen wie z. B. Resten von Bauschutt, Ziegeln, Glas, Asche oder Schlacke.

Auffüllböden kommen vor allem in innerstädtischen Ballungszentren vor und weisen Mächtigkeiten von wenigen Dezimetern bis zu einigen Metern auf.

Auffüllböden sind für Bauherren insbesondere daher von Bedeutung da sie oft umweltrelevante Schadstoffe wie z. B. → Schwermetalle oder → Polyzyklische Aromatische Kohlenwasserstoffe enthalten und daher im Rahmen der Erdarbeiten erhöhte Kosten zur Entsorgung belasteten Erdaushubs anfallen.

Die folgende Abbildung zeigt die Zusammensetzung eines typischen Auffüllbodens anhand eines Bohrprofils.

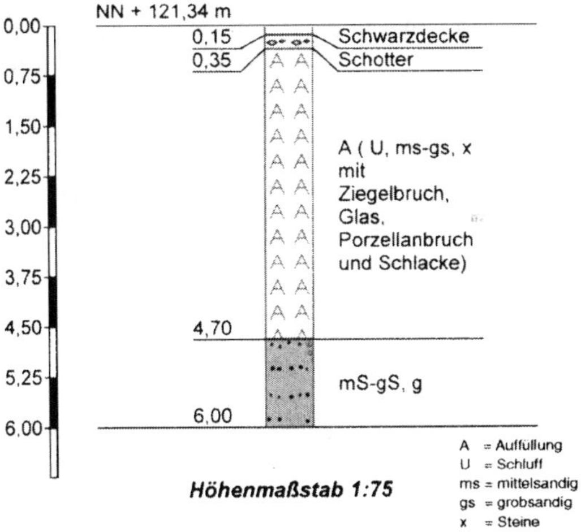

Bohrprofil Auffüllboden

Aufnahme

Der Mensch kann Schadstoffe auf verschiedene Art und Weise in seinen Körper aufnehmen. Die Human-Toxikologie unterscheidet folgende Aufnahmepfade:

Inhalative Aufnahme: Aufnahme durch Einatmung,
Dermale Aufnahme: Aufnahme durch die Haut,
Orale Aufnahme: Aufnahme durch den Mund.

Die Problematik der Aufnahme von Schadstoffen ergibt sich in der Bauwirtschaft insbesondere bei → Arbeiten in kontaminierten Bereichen wie der Sanierung von Altlasten oder Bauschadstoffen, wie Asbest oder Polychlorierten Biphenylen (PCB).

Die toxikologische Beurteilung der möglichen Aufnahmepfade von Schadstoffen dient der Abschätzung der von ihnen ausgehenden Gefährdung und damit der Festlegung von Schutzmaßnahmen für Sanierungsfachkräfte oder andere Betroffene.

Auskofferung

Unter Auskofferung versteht man in der Umwelttechnik den Aushub kontaminierten Bodenmaterials mit Hilfe von Baumaschinen.

Die Auskofferung schadstoffhaltiger Böden findet im Rahmen der Sanierung von → Altlasten aber auch bei Baumaßnahmen statt, bei denen bekannte oder im Rahmen der Erdarbeiten entdeckte bodenfremde Ablagerungen offenkundig werden.

Der Nachweis der erfolgreichen Aushubsanierung erfolgt in der Regel durch Beprobung von Wänden und Sohle der Baugrube und chemische Analyse der Bodenproben auf die im Einzelfall vorliegenden Schadstoffe.

Je nach Art und Konzentration der im Baugrund nachgewiesenen Schadstoffe sind bei der Auskofferung verunreinigter Böden besondere Arbeitsschutzmaßnahmen (z. B. Hydraulik-Bagger mit Filterkabine) erforderlich.

Die ausgekofferten kontaminierten Bodenmassen werden je nach Menge in Containern oder mit Folienabdeckung auf der Baustelle gesichert bereitgestellt, zur abfalltechnischen Deklaration chemisch untersucht und anschließend entsorgt.

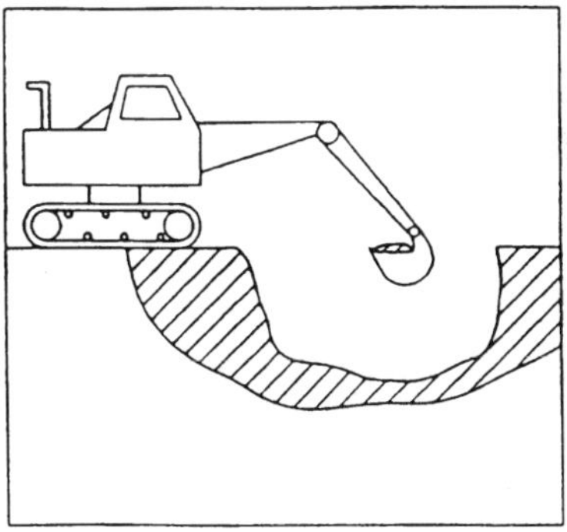

Auskofferung

Bauabfall

Unter Bauabfall versteht man Abfall, der im Rahmen von Neubau, Umbau, Sanierung, Renovierung oder Abbruch von Gebäuden anfällt.

Zu Bauabfällen zählen im Wesentlichen mineralische Massenabfälle wie Erdaushub, Bauschutt oder Straßenaufbruch, Baustellenabfälle wie Verpackungsmaterial oder gefährliche Bauabfälle wie Asbest oder kontaminierter Erdaushub.

Verantwortlich für die ordnungsgemäße → Entsorgung der im Rahmen von Bauvorhaben anfallenden Abfälle sind sowohl Bauherren als auch ausführende Firmen in ihrer Funktion als Abfallerzeuger bzw. Abfallbesitzer

Die folgende Abbildung zeigt einen systematischen Überblick über die im Rahmen von Bauvorhaben anfallenden Abfallarten.

Bauabfälle (nach ZDB)

Bauschadstoffe

→ Gebäude-Schadstoffe

Bauschutt

Unter Bauschutt versteht man mineralisches Material, auch mit geringfügigen Fremdbestandteilen (< 5 Vol.%), das im Rahmen von Neubau, Umbau, Sanierung, Renovierung oder Abbruch von Gebäuden anfällt.

Bauschutt kann je nach vorheriger Gebäudenutzung mit unterschiedlichen Schadstoffen wie z. B. Ölen, Fetten oder Schwermetallen belastet sein und muss in diesen Fällen einer gesonderten → Entsorgung zugeführt werden.

Die folgende Abbildung zeigt verschiedene Arten von Bauschutt, ihre Abfallbezeichnung sowie ihre Abfallschlüssel gemäß → Abfallverzeichnis-Verordnung (AVV).

Bauabfall	Abfall-Bezeichnung	AVV-Abfall-Schlüssel
Bauschutt	Beton	17 01 01
Bauschutt	Ziegel	17 01 02
Bauschutt	Fliesen, Ziegel und Keramik	17 01 03
Bauschutt	Baustoffe auf Gipsbasis	17 08 02

Bauschutt-Arten

Baustellenverordnung

Die Baustellen-Verordnung (Verordnung über Sicherheit und Gesundheitsschutz auf Baustellen – BaustellV) vom 10. Juni 1998 dient der wesentlichen Verbesserung von Sicherheit und Gesundheitsschutz der Beschäftigten auf Baustellen.

Bauherren haben insbesondere folgende Punkte der Baustellenverordnung zu beachten:

1. Anzeigepflicht
   Baustellen, die voraussichtlich länger als 30 Arbeitstage dauern und mehr als 20 Beschäftigte gleichzeitig beschäftigen sowie Baustellen, deren Umfang voraussichtlich mehr als 500 Manntage überschreiten, sind der für Arbeitsschutz zuständigen Behörde spätestens zwei Wochen vor Einrichtung der Baustelle anzukündigen.
2. Sicherheits- und Gesundheitsschutz-Plan (SiGe-Plan)
   Bei Baustellen, für die eine Vorankündigung zu übermitteln ist oder bei denen besonders gefährliche Arbeiten, z. B. Arbeiten in kontaminierten Bereichen ausgeführt werden, ist ein Sicherheits- und Gesundheitsschutzplan zu erstellen.
   Im Sicherheits- und Gesundheitsschutzplan sind neben der möglichen Gefährdung die von den Beschäftigten einzuhaltenden Arbeitsschutzmaßnahmen darzustellen.
3. Sicherheits- und Gesundheitsschutz-Koordinator (SiGeKo)
   Bei Baustellen, auf denen Beschäftigte mehrerer Arbeitgeber tätig werden, sind ein oder mehrere geeignete Koordinatoren zu bestellen.

Wesentliche Aufgaben des Koordinators sind die Planung und Überwachung des Arbeitsschutzes auf der Baustelle.

Bau- und Abbruchholz

→ Altholz

Belastung

→ Kontamination

Benzol

Benzol ist der Grundkörper der aromatischen Kohlenwasserstoffe. Benzol wird im Rahmen der Erdölraffination gewonnen und ist Ausgangsstoff zur Herstellung einer Vielzahl chemischer Produkte wie z. B. Farben, Kunststoffen oder Pharmazeutika.

Benzol ist toxikologisch als krebserzeugend (→ kanzerogen) und erbgutverändernd (→ mutagen) eingestuft.

In der Bauwirtschaft spielen Benzol und andere aromatische Kohlenwasserstoffe insbesondere als Schadstoff im Rahmen der Sanierung von Altlasten (z. B. ehemalige Gaswerkstandorte) oder Gebäuden (z. B. PCB-Sanierung) eine wichtige Rolle.

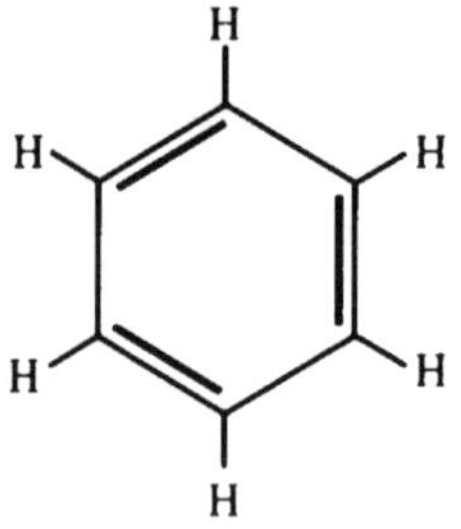

Benzol (C_6H_6)

Benzo-a-pyren

Benzo-a-pyren (BaP) ist der wichtigste Vertreter und Leitparameter der Verbindungsklasse der Polyzyklischen Aromatischen Kohlenwasserstoffe (→ PAK).

Benzo-a-pyren entsteht bei unvollständigen Verbrennungsvorgängen und findet sich daher im Tabakrauch ebenso wie in Abgasen von Kraftfahrzeugen oder Kokereien.

Benzo-a-pyren ist toxikologisch als krebserzeugend (kanzerogen) und erbgutverändernd (mutagen) eingestuft.

In der Bauwirtschaft spielt Benzo-a-pyren als Schadstoff im Rahmen der Sanierung von Altlasten wie z. B. ehemaligen Gaswerkstandorten oder Kokereien aber auch bei Gebäude-Sanierungen (teerhaltige Parkett-Fußbodenkleber) eine wichtige Rolle.

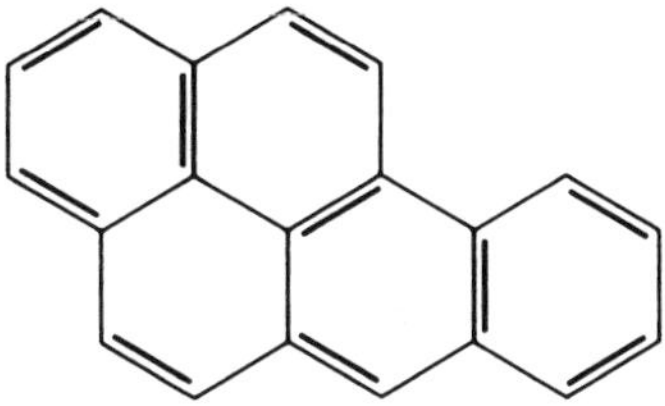

Benzo-a-pyren (3,4-Benzpyren)

Berufsgenossenschaftliche Regel BGR 128

Die Berufsgenossenschaftliche Regel BGR 128 herausgegeben vom Hauptverband der gewerblichen Berufsgenossenschaften legt fest, welche Maßnahmen zum Sicherheits- und Gesundheitsschutz zur Vorbereitung und Durchführung von → Arbeiten in kontaminierten Bereichen im Einzelnen erforderlich sind.

Die zu treffenden Maßnahmen gelten sowohl für die Versicherten (Auftragnehmer sowie dessen Beschäftige) als auch für den Auftraggeber.

Für die Bauwirtschaft ist die BGR 128 insbesondere bei Tätigkeiten im Deponiebau, beim Abbruch oder Sanierung schadstoffbelasteter Gebäude und Anlagen sowie im Bereich der Sanierung von Altlasten von Bedeutung.

Die folgende Abbildung gibt einen Überblick über die wesentlichen Inhalte der Berufsgenossenschaftlichen Regel BGR 128.

Berufsgenossenschaftliche Regel „Kontaminierte Bereiche“ (BGR 128)

1 Anwendungsbereich
2 Begriffsbestimmungen
3 Allgemeine Anforderungen
4 Vergabe von Aufträgen
5 Koordinierung
6 Leitung und Aufsicht
7 Beschäftigungsbeschränkungen
8 Erkundung, Ermittlung und Dokumentation von Schadstoffen
9 Meßtechnische Überwachung Arbeitsplätze
10 Vorausgehende Untersuchungen
11 Durchführung von Bauarbeiten
12 Sanierungsanlagen
13 Mikrobiologische Sanierungsverfahren
14 Brandschutz
15 Rettung und Erste Hilfe
16 Notfallausweis
17 Arbeitsmedizinische Vorsorgeuntersuchungen
18 Betriebsanweisung
19 Unterweisung
20 Persönliche Schutzausrüstungen
21 Hautschutz
22 Zeitpunkt der Anwendung

Berufsgenossenschaftliche Regel BGR 128

Beseitigung

Gemäß Kreislaufwirtschaftsgesetz können Abfälle sowohl durch → Verwertung als auch durch Beseitigung entsorgt werden.

Die Beseitigung von Abfällen dient dem dauerhaften Ausschluss der Abfälle aus der Kreislaufwirtschaft und erfolgt zum Beispiel durch chemisch-physikalische Behandlung, durch Ablagerung in ober- oder unterirdischen Deponien oder durch Verbrennung in speziellen Verbrennungsanlagen.

Zu den im Rahmen von Bauvorhaben anfallenden zu beseitigenden Abfällen zählen z. B. Asbestprodukte, besonders belastete Althölzer oder Erdaushub mit schädlichen Verunreinigungen.

Betriebsanweisung

Unter einer Betriebsanweisung versteht man eine arbeitsbereichs- und stoffbezogene Zusammenstellung über die beim Umgang mit Gefahrstoffen verbundenen Gefahren für Mensch und Umwelt sowie der diesbezüglich erforderlichen Schutzmaßnahmen und Verhaltensregeln für die Beschäftigten.

Betriebsanweisungen sind gemäß Gefahrstoff-Verordnung (§ 14 GefStoffV) durch den Arbeitgeber zu erstellen, wenn Beschäftigte im Rahmen ihrer beruflichen Tätigkeit Gefahrstoffen ausgesetzt sind.

Arbeitnehmer, die beim Umgang mit Gefahrstoffen beschäftigt werden müssen anhand einer Betriebsanweisung über die möglicherweise auftretenden Gefahren sowie die anzuwendenden Schutzmaßnahmen unterwiesen werden.

Die Notwendigkeit der Erstellung von Betriebsanweisungen sowie der Durchführung von Unterweisungen besteht in der Bauwirtschaft insbesondere bei → Arbeiten in kontaminierten Bereichen wie der Sanierung von Altlasten oder Gebäude-Schadstoffen.

BG-Grundsätze

Grundsätze der Berufsgenossenschaft (BG) zur Vereinheitlichung → arbeitsmedizinischer Vorsorgeuntersuchungen.

Biologische Bodensanierung

Unter biologischer Bodensanierung versteht man zusammenfassend alle Verfahren zur Sanierung kontaminierter Böden durch Einsatz schadstoffabbauender Mikroorganismen.

Die biologische Bodensanierung wird insbesondere zur Sanierung von Altlasten aber auch zur Reinigung kontaminierter, im Rahmen von Bauvorhaben anfallender Böden, eingesetzt.

Die Verfahren der biologischen Bodensanierung sind auf abbaubare organische Schadstoffe, wie z. B. Mineralöle beschränkt und daher nicht bei allen Bodenkontaminationen erfolgreich anwendbar.

Durch verschiedene technische Maßnahmen, wie Durchmischung, Belüftung, Befeuchtung oder gezielte Änderung der Nährstoffversorgung können die Lebensbedingungen der Mikroorganismen verbessert und damit ihre Abbauleistung gesteigert werden.

Die biologische Bodensanierung kann, je nach den Gegebenheiten des Einzelfalls, sowohl in der natürlichen Lagerungsumgebung des Bodens (in situ) aber auch – nach Auskofferung – auf der Baustelle (on site) oder in speziellen Bodenreinigungszentren außerhalb der Baustelle (off site) erfolgen.

Die folgende Abbildung zeigt die Verfahrenstechnik der biologischen Bodensanierung in schematischer Form.

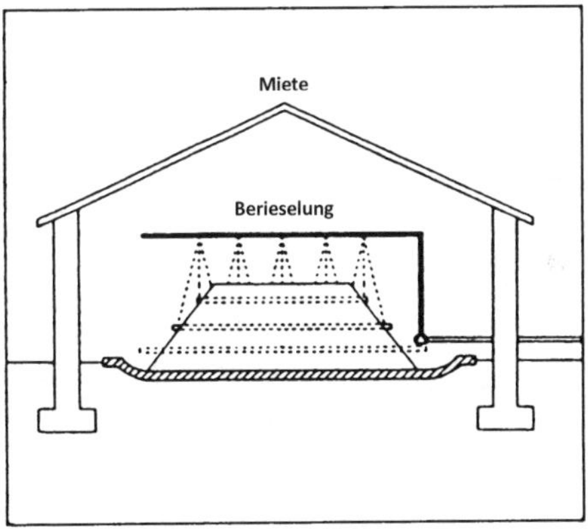

Biologische Bodensanierung

Boden

Das Bundes-Bodenschutzgesetz definiert Boden als obere Schicht der Erdkruste, soweit sie Träger von → Bodenfunktionen ist, einschließlich der flüssigen Bestandteile (Bodenlösung) und der gasförmigen Bestandteile (Bodenluft), ohne Grundwasser und Gewässerbetten (§ 2 BBodSchG).

Zum Schutz des Bodens sind Eigentümer und Besitzer eines Grundstücks sowie derjenige, der Verrichtungen (z. B. Baumaßnahmen) auf einem Grundstück durchführt oder durchführen lässt gemäß Bundes-Bodenschutzgesetz verpflichtet, Vorsorge gegen das Entstehen schädlicher Bodenveränderungen zu treffen (→ Vorsorgepflicht).

Bodenaustausch

Unter Bodenaustausch versteht man ein technisches Verfahren zur Sanierung kontaminierter Böden, wie sie im Rahmen der Altlastensanierung oder Bauvorhaben anfallen.

Im ersten Arbeitsschritt werden die belasteten Böden durch Baumaschinen unter vorher festgelegten Arbeitsschutz-Bedingungen ausgehoben.

Der Nachweis der erfolgreichen Auskofferung erfolgt in der Regel durch Beprobung von Wänden und Sohle der Baugrube und chemische Analyse der Bodenproben auf die im Einzelfall vorliegenden Schadstoffe.

Die ausgehobenen Böden werden dann in Abhängigkeit des nachgewiesenen Schadstoffspektrums sowie der vorliegenden Bodenverhältnisse durch verschiedene Verfahren der → Bodensanierung auf dem Baustellengelände (on site) oder in speziellen Bodenreinigungszentren außerhalb der Baustelle (off site) saniert.

Nach Abschluss der Bodensanierung erfolgt als letzter Arbeitsschritt der Wiedereinbau der behandelten Aushubmassen mit zulässigen Restgehalten an Schadstoffen.

Bodenfunktion

Der Boden erfüllt gemäß Bundes-Bodenschutzgesetz (§ 2 BBodSchG) folgende drei Hauptfunktionen:

1. Natürliche Funktionen als
   a) Lebensgrundlage und Lebensraum für Menschen, Tiere, Pflanzen und Bodenorganismen,
   b) Bestandteil des Naturhaushalts, insbesondere mit seinen Wasser- und Nährstoffkreisläufen,
   c) Abbau-, Ausgleichs- und Aufbaumedium für stoffliche Einwirkungen auf Grund der Filter-, Puffer- und Stoffumwandlungseigenschaften, insbesondere zum Schutz des Grundwassers.
2. Funktionen als Archiv der Natur- und Kulturgeschichte sowie
3. Nutzungsfunktionen als
   a) Rohstofflagerstätte,
   b) Fläche für Siedlung und Erholung,

c) Standort für die land- und forstwirtschaftliche Nutzung,
d) Standort für die sonstige wirtschaftliche und öffentliche Nutzungen, Verkehr, Ver- und Entsorgung.

Boden-Kontamination

Unter Bodenkontamination (Bodenbelastung) versteht man Verunreinigungen des Bodens mit Schadstoffen, die durch den Menschen (anthropogen) direkt oder indirekt über Luft oder Wasser eingetragen wurden.

Von anthropogenen Bodenbelastungen ist die natürlich vorhandene, geogene Belastung von Böden durch „Schadstoffe" wie z. B. die Schwermetalle Blei oder Arsen zu unterscheiden.

Die frühzeitige Ermittlung von Art und Ausmaß möglicher Bodenkontaminationen ist für Bauvorhaben von großer Bedeutung.

Durch gezielte umwelttechnische Untersuchungen im Vorfeld von Baumaßnahmen können eventuell erforderliche Sanierungsmaßnahmen rechtzeitig geplant und/oder mögliche Entsorgungswege für kontaminierten Erdaushub auf ihre Zulässigkeit geprüft werden.

Bodenluft

Unter Bodenluft versteht man die Luft, die sich im Porenraum des Bodens oberhalb des Grundwasserspiegels, der sogenannten wasserungesättigten Bodenzone befindet.

Der unsachgemäße Umgang mit leichtflüchtigen, organischen Lösemitteln, wie z. B. chlorierten Kohlenwasserstoffen (CKW), führte insbesondere in Betrieben der Metallbearbeitung oder chemischen Reinigungen neben Belastungen von Boden und Grundwasser oft zu erheblichen Kontaminationen der Bodenluft.

Die Sanierung von Bodenluft-Schäden (→ Bodenluft-Sanierung) stellt bei Bauvorhaben – neben der Kostenseite – oft auch ein logistisches Problem dar, da eine Entsiegelung der Oberfläche in der Regel erst bei Unterschreitung behördlich festgelegter Sanierungsziele gestattet wird.

Bodenluft-Sanierung

Unter Bodenluft-Sanierung (Bodengas-Extraktion) versteht man ein pneumatisches Verfahren zur Reinigung der nicht mit Grundwasser gesättigten Bodenzone.

Bei dieser Sanierungstechnik werden mit Hilfe spezieller Absaug-Aggregate wie Seitenkanalverdichter oder Vakuumpumpen leichtflüchtige Schadstoffe über Bodenluft-Pegel (Gasbrunnen) aus dem Boden abgesaugt.

Die mit Schadstoffen beladene Bodenluft wird anschließend durch verschiedene Verfahren, z. B. adsorptiv mittels → Aktivkohle oder durch Oxidation gereinigt.

Typische Beispiele für die Anwendung der Bodenluft-Absaugung sind die CKW- Sanierung ehemaliger Chemischen Reinigungen oder die BTEX-Sanierung stillgelegter Tankstellengelände.

Bodenluft-Absaugungen beeinflussen Bauvorhaben – wie alle Sanierungsmaßnahmen – sowohl von der Kostenseite als auch von der Baustellenlogistik und Ablaufplanung.

So ist die Abreinigung der Bodenluft unter behördlich festgesetzte Sanierungszielwerte in der Regel Voraussetzung zur Entsiegelung des Bodens und damit zur Durchführung von Tiefbauarbeiten.

Die folgende Abbildung zeigt die Verfahrenstechnik der Bodenluft-Absaugung anhand einer Prinzipskizze.

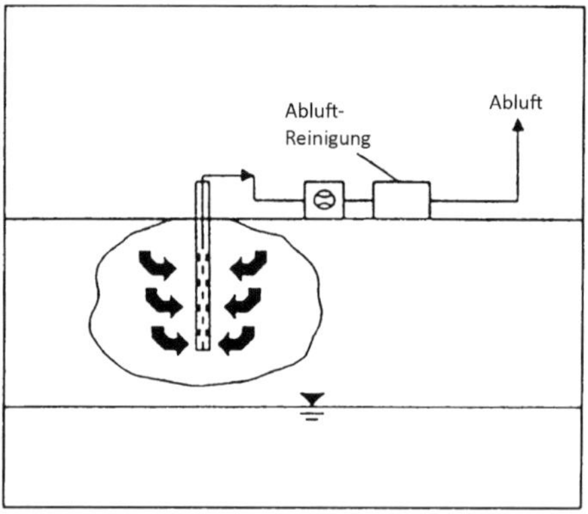

Bodenluft-Sanierung

Boden-Sanierung

Unter dem Begriff Bodensanierung werden verschiedene technische Verfahren zur Beseitigung oder Verminderung von Bodenschadstoffen zusammengefasst.

Verfahren zur Bodensanierung kommen insbesondere bei der Sanierung von → Altlasten aber auch zur Behandlung kontaminierter, im Rahmen von Bauvorhaben anfallender Böden zum Einsatz.

Die Auswahl des Bodensanierungsverfahrens ist im Wesentlichen abhängig von den im Einzelfall nachgewiesenen Schadstoffen sowie der kontaminierten Bodenart.

Die folgende Abbildung gibt einen Überblick über die wichtigsten Verfahren der Bodensanierung.

	Bodenwäsche	**Thermische Verfahren**	**Bodenluft-Absaugung**	**Biologische Verfahren**
Verfahrens-prinzip	Extraktion Mobilisierung Spaltung	Verbrennung, Verdampfung	Unterdruck	mikrobiologischer Schadstoff-Abbau
Schadstoffe	organisch, anorganisch	organisch, anorganisch nur bedingt	leichtflüchtige, organische Verbindungen	organisch
Bodenarten	Kies, Sand Ton und Schluff nur bedingt	alle Bodenarten	Kies, Sand Ton und Schluff nur bedingt	alle Bodenarten (ggf Vorbehandlung erforderlich)
Sanierungsort	on site off site	on site off site	in situ	on site off site in situ
Verwendbarkeit des Bodens	Wiederverfüllung Rekultivierung	Wiederverfüllung Rekultivierung	Verbleib im Boden	Wiederverfüllung Rekultivierung, Verbleib im Boden
Reststoffe	kontaminierte Schlämme (ca. 10 %)	Filterstäube, evt. Schlämme	Rückstände aus der Abluft-Reinigung	keine

Wichtige Verfahren der Bodensanierung (nach Henke)

Bodenschutzgesetz

→ Bundes-Bodenschutzgesetz

Bodenverunreinigung

→ Bodenkontamination

Bodenwäsche

Unter dem Begriff Bodenwäsche werden verschiedene Waschverfahren zur Sanierung kontaminierter Böden zusammengefasst.

Bodenwaschverfahren werden insbesondere zur Sanierung von → Altlasten aber auch von kontaminierten, im Rahmen von Bauvorhaben anfallenden Böden, eingesetzt.

Bodenwaschanlagen bestehen aus mehrstufigen Klassier-, Wasch- und Mischaggregaten. Die Abtrennung der Schadstoffe erfolgt durch Wasser ggf. mit Zusätzen sowie dem Eintrag mechanischer Energie in Form von Rühren, Scheren, Prall oder Hochdruck.

Die gereinigten Bodenmassen werden soweit möglich einer Wiederverwertung zugeführt. Die abgetrennten Schadstoffe bleiben mit dem Feinkornanteil als kontaminierter Schlamm zurück und werden separat entsorgt.

Das Waschen kontaminierter Böden kann sowohl in einer mobilen Anlage, die auf dem Baustellengelände (on site) für die Dauer der Sanierungsmaßnahme aufgestellt wird als auch außerhalb der Baustelle (off site) in stationären Bodenreinigungszentren erfolgen.

Die folgende Abbildung zeigt die Verfahrenstechnik von Bodenwaschanlagen in schematischer Form.

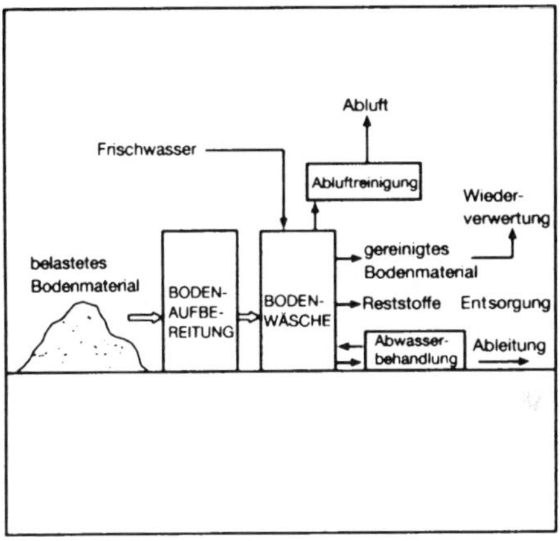

Bodenwäsche

Bodenzone

Unter Bodenzone versteht man in der Hydrogeologie Gesteinskörper im Fest- oder Lockergestein, die zum Betrachtungszeitpunkt vollständig (wassergesättigte Bodenzone) oder unvollständig (wasserungesättigte Bodenzone) mit Grundwasser gefüllt sind.

Zur Sanierung der wassergesättigten Bodenzone werden verschiedene aktive und passive Verfahren der → Grundwasser-Sanierung angewandt.

Die Sanierung der wasserungesättigten Bodenzone erfolgt in der Regel durch das Verfahren der → Bodenluft-Sanierung.

BTEX

Abkürzung für die chemische Verbindung Benzol sowie die von ihm abgeleiteten aromatischen Kohlenwasserstoffe Toluol, Ethyl-Benzol und Xylol.

BTEX-Aromaten wurden insbesondere als Zusatz für Vergaser-Kraftstoffe aber auch als technische Lösemittel in der Industrie eingesetzt.

Kontaminationen der Umweltmedien durch aromatische Kohlenwasserstoffe sind auf ehemaligen Tankstellengeländen ebenso wie bei Betrieben der Metallbearbeitung, der Herstellung von Kunststoffen, Farben und Lacken oder von Pflanzenschutzmitteln anzutreffen.

BTEX-Aromaten belasten neben Boden und Grundwasser häufig auch die Bodenluft, die dann durch Absaugung und anschließende Reinigung (→ Bodenluft-Sanierung) zeitaufwendig und kostenintensiv saniert werden muss.

Die folgende Abbildung zeigt die Strukturformeln der BTEX-Aromaten.

BENZOL

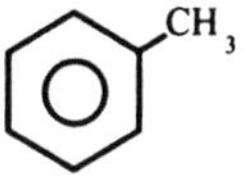

TOLUOL

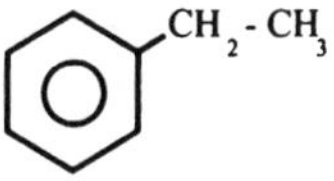

ETHYL - BENZOL

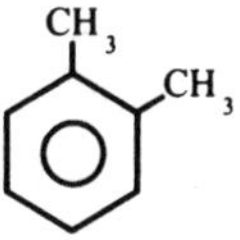

XYLOL (ortho)

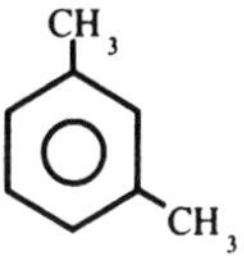

XYLOL (meta)

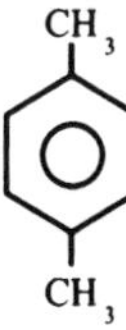

XYLOL (para)

BTEX-Aromaten

Bundes-Bodenschutzgesetz

Das Bundes-Bodenschutzgesetz (Gesetz zum Schutz vor schädlichen Bodenveränderungen und zur Sanierung von Altlasten – BBodSchG) trat am 1. März 1999 in Kraft und löst damit die zum Teil unterschiedlichen Altlastengesetze der einzelnen Bundesländer ab.

Das Bundes-Bodenschutzgesetz regelt einerseits die Sanierung schädlicher Bodenveränderungen und → Altlasten sowie hierdurch verursachte Gewässerverunreinigungen, andererseits die zur Vermeidung künftiger Bodenbelastungen zu treffenden Vorsorge-Maßnahmen.

Durch das Bundes-Bodenschutzgesetz wird das Altlastenrecht in Deutschland grundlegend reformiert.

Neben einer bundeseinheitlichen Definition des Altlastenbegriffes wurde insbesondere der Kreis der → Sanierungspflichtigen zum Teil erheblich erweitert.

Weitere Neuerungen betreffen den Ausgleichsanspruch mehrerer Sanierungsverantwortlicher sowie das Verfahren des Wertausgleiches bei Sanierung einer Altlast mit Mitteln der öffentlichen Hand.

Die Umsetzung des Bundes-Bodenschutzgesetzes auf der Verwaltungsebene erfolgt durch die untergesetzliche → Bundes-Bodenschutz- und Altlastenverordnung.

Bundes-Bodenschutz- und Altlastenverordnung

Die Bundes-Bodenschutz- und Altlastenverordnung (BBodSchV) trat am 13. Juli 1999 in Kraft und konkretisiert als untergesetzliches Regelwerk die Rahmenbestimmungen des → Bundes-Bodenschutzgesetzes.

Die Bundes-Bodenschutz- und Altlastenverordnung regelt folgende Punkte:

1. Untersuchung und Bewertung → schädlicher Bodenveränderungen oder → Altlasten sowie hiervon ausgehender Gefahren für das Grundwasser,
2. Sanierung schädlicher Bodenveränderungen oder Altlasten,
3. Vorsorge gegen das Entstehen schädlicher Bodenveränderungen sowie
4. Anforderungen an das Aufbringen und Einbringen von Materialien auf und in den Boden.

In der Praxis relevant sind insbesondere bundeseinheitliche Boden-Schadstoff-Konzentrationen in Form von Vorsorge-, Prüf-, oder Maßnahmewerten, auf deren Grundlage in Abhängigkeit von Wirkungspfad sowie Grundstücksnutzung die gutachterliche Bewertung von Boden-Kontaminationen erfolgt.

Bundes-Immissionsschutzgesetz

Das Gesetz zum Schutz vor schädlichen Umwelteinwirkungen durch Luftverunreinigungen, Geräusche, Erschütterungen und ähnliche Vorgänge (Bundes-Immissionsschutzgesetz – BImschG) bildet die bundeseinheitliche Rechtsvorschrift zur Luftreinhaltung und Lärmbekämpfung.

Wesentliches Ziel des BImschG ist es, Menschen, Tiere, Pflanzen, den Boden, das Wasser, die Atmosphäre sowie Kultur- und sonstige Schutzgüter vor schädlichen Umwelteinwirkungen zu schützen.

In der Praxis relevant sind insbesondere die in einem umfangreichen untergesetzlichen Regelwerk (BImSch-Verordnungen) festgelegten maximal zulässigen Immissions- und Emissionswerte.

Cancerogen

→ Kanzerogen

Carzinogen

→ Kanzerogen

Chlorierte Kohlenwasserstoffe

Unter Chlorierten Kohlenwasserstoffen (CKW) versteht man Kohlenwasserstoffe, bei denen ein oder mehrere Wasserstoffatome durch das Element Chlor ersetzt wurden.

Zu den bekanntesten Vertretern der Chlorierten Kohlenwasserstoffe gehören die Verbindungen Trichlorethen (Tri) sowie Tetrachlorethen (Per), die als technische Lösemittel insbesondere bei chemischen Reinigungen und Betrieben der Metallbearbeitung eingesetzt wurden.

Chlorierte Kohlenwasserstoffe gehören zur Gruppe der → Leichtflüchtigen Halogenierten Kohlenwasserstoffe (LHKW) und treten im Rahmen der Altlastensanierung oft als Kontaminanten der Umweltmedien Boden, Bodenluft und Grundwasser auf.

Die Sanierung CKW-bedingter Umweltschäden ist insbesondere bei Grundwasser-Verunreinigungen oft langwierig und damit kostenintensiv.

Die folgende Abbildung zeigt die Strukturformeln von Trichlorethen (Tri) sowie Tetrachlorethen (Per).

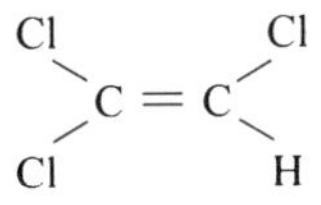

Trichlorethen (Tri)

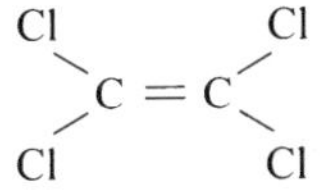

Tetrachlorethen (Per)

Wichtige chlorierte Kohlenwasserstoffe

Cyanide

Cyanide sind die Salze der Blausäure (HCN).

Von Bedeutung für Menschen und Umwelt sind insbesondere die gut wasserlöslichen und sehr giftigen Alkali- und Erdalkali-Cyanide.

Cyanide sind für die Bauwirtschaft insbesondere bei der Sanierung von → Altlasten wie z. B. Betriebe der Galvanotechnik oder Härtereien von Bedeutung.

Deklarationsanalyse

Unter einer Deklarationsanalyse versteht man in der Umwelt-Analytik eine zur Klärung des Entsorgungsweges durchgeführte chemische Untersuchung eines → Abfalls auf verschiedene Parameter (Schadstoffe).

In der Bauwirtschaft sind Deklarationsanalysen immer dann von Bedeutung wenn im Rahmen von Bauvorhaben kontaminierte Bauabfälle wie z. B. belasteter Erdaushub oder verunreinigtes Bau- und Abbruchholz entsorgt werden müssen.

Dekontamination

Unter Dekontamination versteht man in der Umwelttechnik die Beseitigung oder Verringerung schadstoffbedingter Verunreinigungen.

Dekontaminationsverfahren werden insbesondere zur Sanierung von → Altlasten aber auch zur Sanierung kontaminierter, im Rahmen von Bauvorhaben anfallender Böden oder zur Sanierung von Gebäude-Schadstoffen eingesetzt.

Beispiele für Dekontaminationsverfahren im Rahmen der Altlastensanierung sind die Auskofferung und Behandlung kontaminierter Böden oder die Sanierung der Umweltmedien Bodenluft und Grundwasser.

Die Entfernung von Gebäude-Schadstoffen wie z. B. Asbest, PCB oder PAK wird auch als Gebäude-Dekontamination bezeichnet.

Deponie

In einer Deponie werden Abfälle unter geordneten, kontrollierten Bedingungen abgelagert und so dauerhaft von der Kreislaufwirtschaft ausgeschlossen.

Um zu verhindern, dass Schadstoffe aus der Deponie in die Umwelt gelangen, werden Deponien allseitig abgedichtet sowie mögliche Emissionspfade (Deponiewasser, Deponiegas) überwacht.

Die Anforderungen an die technische Sicherheit von Deponien ist wesentlich abhängig vom Gefährdungspotenzial der eingelagerten Abfallarten.

Während gering belastete Bauschutt- und Bodenmassen auf Mineralstoff-Deponien (Deponieklasse 2) abgelagert werden können, müssen toxische Abfälle, wie z. B. PCB-haltige Kondensatoren oder hoch kontaminierter Erdaushub unter speziellen Bedingungen (Stahlfässer, Abmauerung) in eine Untertage-Deponie (Deponieklasse 6) verbracht werden.

Die folgende Abbildung gibt einen Überblick über die einzelnen Deponieklassen sowie die zur Ablagerung jeweils zugelassenen Abfallarten.

Deponie-klasse	Deponie	Zugelassene Abfallarten
1	Bodenablagerung	nicht kontaminierte Boden- oder Felsarten
2	Mineralstoffdeponie	Bauschutt und Abfälle mit ähnlichem Elutionsverhalten
3	Deponie für Siedlungsabfälle	Hausmüll und hausmüll-ähnliche Abfälle sowie Gewerbeabfälle, die aufgrund ihrer Art und Menge gemeinsam mit Siedlungs-abfällen abgelagert werden können
4	Deponie für Gewerbe- und Industrieabfälle	Abfälle aus Gewerbe und / oder Industrie, die noch keine Sonderabfälle sind und entweder in großen Mengen anfallen oder wegen ihrer Inhaltsstoffe nicht gemeinsam mit Siedlungsabfällen beseitigt werden können
5	Deponie für Sonderabfälle	Sonderabfälle aus Gewerbe und / oder Industrie, an deren Beseitigung aufgrund ihrer Inhaltsstoffe weitergehende Anforderungen zu stellen sind
6	Untertage- Deponie für Sonderabfälle	Sonderabfälle, die aufgrund ihrer schädlichen Eigenschaften nicht auf herkömmlichen Deponien beseitigt werden können. Ausgeschlossen sind flüssige, explosive oder radioaktive Abfälle

Deponieklassen (nach Landesamt für Wasser und Abfall NRW 1987)

Derivat

Unter einem Derivat versteht man in der Chemie Abkömmlinge einer chemischen Verbindung, die aus dieser durch Austausch von Atomen oder Atomgruppen häufig nur in einem Reaktionsschritt entstehen.

Viele im Rahmen der Sanierung von Altlasten oder Gebäude-Schadstoffen anzutreffende Schadstoffe wie z. B. PAK, PCB, Dioxine oder Nitroverbindungen wie TNT sind Derivate des → Benzols.

Dermal

Unter dermal versteht man in der Umweltmedizin die Aufnahme von Schadstoffen durch die Haut.

Zu Schadstoffen, die dermal aufgenommen werden können zählen z. B. aromatische Kohlenwasserstoffe, wie Benzol, PAK und PCB oder Holzschutzmittel wie PCP oder Lindan.

Zur Verhinderung einer Hautresorption durch o. g. Schadstoffe sind für Arbeitnehmer bei → Arbeiten in kontaminierten Bereichen wie der Sanierung von Altlasten oder Gebäude-Schadstoffen spezielle Schutzanzüge, Schutzhandschuhe und Schutzstiefel vorgeschrieben.

Detaillierte Untersuchung

Unter einer Detaillierten Untersuchung versteht man eine von Fachgutachtern durchgeführte, vertiefende Untersuchung einer Altlastverdachtsfläche.

Eine Detaillierte Untersuchung (Vertiefende Erkundung) hat zum Ziel Menge und räumliche Verteilung von Schadstoffen, ihre mobilen und mobilisierbaren Anteile, ihre Ausbreitungsmöglichkeiten in Boden, Gewässer und Luft sowie die Möglichkeit ihrer Aufnahme durch Menschen, Tiere und Pflanzen festzustellen (§ 2 BBodSchV).

Das Gutachten zur Detaillierten Untersuchung einer Verdachtsfläche bildet den Abschluss der → Gefährdungsabschätzung als 2. Hauptphase der Altlasten-Bearbeitung.

Auf Grundlage der Detaillierten Untersuchung entscheidet die zuständige Altlastenbehörde ob eine Verdachtsfläche als Altlast einzustufen ist und welche weiteren Maßnahmen (Sofortmaßnahmen, Sanierungsuntersuchungen) erforderlich sind.

Detaillierte Untersuchung

Deutsche Einheitsverfahren

Bei den Deutschen Einheitsverfahren (DEV) handelt es sich um DIN-genormte Verfahren zur Untersuchung von Wasser-, Abwasser- und Schlammproben.

Besteht im Rahmen der Altlasten-Erkundung oder bei Erdarbeiten der Verdacht auf Ölkontaminationen werden entnommene Bodenproben u. a. auf den Parameter Kohlenwasserstoffe nach DEV H 18 (Mineralöl-Kohlenwasserstoffe) untersucht.

Dioxine

Polychlorierte Dibenzodioxine (PCDD), oft vereinfacht als Dioxine bezeichnet, ist eine Sammelbezeichnung für eine Gruppe von 75 hochtoxischen organischen Chlorverbindungen.

Von besonderer Bedeutung ist das akut giftige, krebserzeugende und erbgutschädigende Tetrachlordibenzoparadioxin (2,3,7,8-TCDD, Seveso-Gift), auf dessen Toxizität die Gesamtkonzentrationen der verschiedenen Dioxine in der Regel umgerechnet werden.

Dioxine entstehen als unerwünschte Nebenprodukte bei der Herstellung verschiedener chlororganischer Verbindungen aber auch bei unvollständigen Verbrennungsprozessen wie der Verschwelung von Kunststoffen oder isolierten Kabeln in Müll-Verbrennungsanlagen oder der Verhüttung kunststoffbehafteter Metallabfälle.

In der Bauwirtschaft spielen Dioxine bei der Sanierung von Altlasten, Brandschäden, ehemaligen Industrieanlagen (z. B. Metallhütten) oder Sportplatzbelägen (→ Kieselrot) eine wichtige Rolle.

Die Notwendigkeit von Bodensanierungsmaßnahmen besteht bei Überschreitung nutzungsabhängiger Bodenbelastungen, die in Form sogenannter → Maßnahmewerte in der Bundes-Bodenschutz- und Altlastenverordnung festgelegt sind.

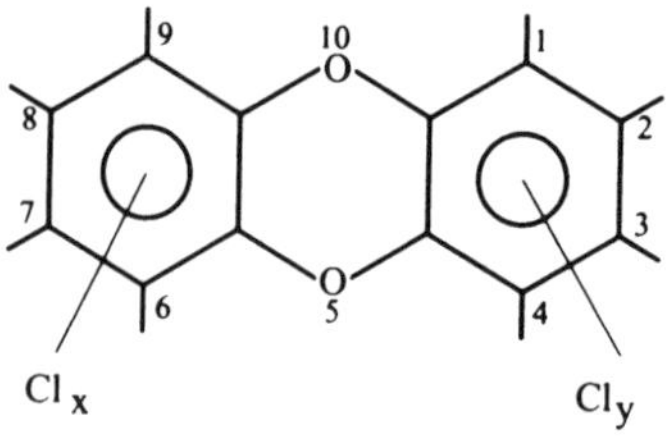

PCDD

Dioxine (PCDD)

Durchlässigkeitsbeiwert

Mit Hilfe des Durchlässigkeitsbeiwertes (kf-Wert) wird in der Hydrogeologie die Durchlässigkeit von Gesteinen für Grundwasser beschrieben.

Durchlässigkeitsbeiwerte sind insbesondere von Bedeutung, wenn im Rahmen der Bewertung von Altlasten Aussagen über die horizontale und/oder vertikale Ausbreitung von im Grundwasser gelösten Schadstoffen erforderlich sind.

Die Bestimmung von kf-Werten kann sowohl durch Untersuchung von Bodenproben im Labor als auch durch Pumpversuche im Gelände erfolgen.

Die folgende Abbildung zeigt Größenordnungen von kf-Werten in Abhängigkeit der durchströmten Bodenart.

Boden	Durchlässigkeit (DIN 18130)	k_f-Wert (m/s)
Ton	sehr schwach durchlässig	$< 10^{-8}$
Schluff	schwach durchlässig	10^{-8} bis 10^{-6}
Sand, feinkörnig	durchlässig	10^{-6} bis 10^{-4}
Sand, grobkörnig	stark durchlässig	10^{-4} bis 10^{-2}
Kies	sehr stark durchlässig	$> 10^{-2}$

Durchlässigkeitsbeiwerte verschiedener Böden

Einkapselung

Unter Einkapselung versteht man technische Barrieresysteme, die als Sicherungsmaßnahmen eine weitere Ausbreitung von Schadstoffen von einer Altlast oder kontaminierten Fläche verhindern.

Bei den Einkapselungen wird je nach Lage der Barriere zwischen vertikalen Abdichtungssystemen, wie z. B. Spund-, Schmal- oder Schlitzwänden, horizontalen Injektionssystemen zur Basisabdichtung sowie den in der Regel mineralischen Oberflächenabdeckungen unterschieden.

Die folgende Abbildung zeigt eine Einkapselung in schematischer Form.

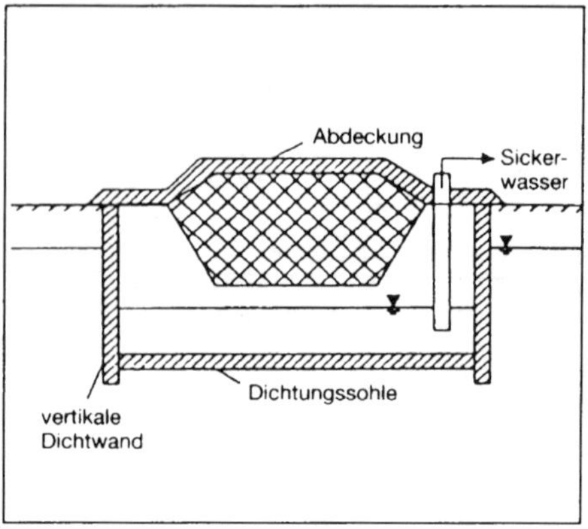

Einkapselung

Elektrische Leitfähigkeit

Die elektrische Leitfähigkeit ist definiert als Kehrwert des elektrischen Widerstands und kennzeichnet die Eigenschaft eines Stoffes, den elektrischen Strom leiten zu können.

In der Umwelt- Analytik wird die elektrische Leitfähigkeit insbesondere zur Beurteilung möglicher Kontaminationen von Grundwasser oder Trinkwasser verwandt.

Hohe elektrische Leitfähigkeiten können auch natürlichen Ursprungs sein, so dass Vergleichsmessungen unbelasteter Wasserproben empfohlen werden.

Die elektrische Leitfähigkeit von Trink- bzw. Leistungswasser liegt zwischen 300–600 µS/cm.

Eluat

Unter Eluaten versteht man in der Umwelt-Analytik nach standardisierten Verfahren hergestellte, wässrige Lösungen von Bodenproben.

Durch Untersuchung von Boden-Eluaten kann nachgewiesen werden, ob bestimmte, im Boden vorhandene Schadstoffe wie z. B. Schwermetalle durch Niederschläge oder Sickerwasser aus dem Boden gelöst und anschließend ins Grundwasser gelangen können.

Die Untersuchung von Eluaten dient daher insbesondere zur Gefährdungsabschätzung von Altlasten aber auch zur Prüfung ob bzw. wie im Rahmen von Baumaßnahmen anfallende, kontaminierte Erdmassen verwertet werden können.

Die folgende Abbildung zeigt einen Analysebericht über die Untersuchung von Boden-Eluaten.

Eluat

Analytiknummer:					
Probenart:				Boden	Boden
Probenbezeichnung:					
Parameter	**Einheit**	**Verfahren**	**NWG**		
Eluatuntersuchung					
pH-Wert bei 20°C		DIN 38404 Teil 5		9,35	9,19
Elektr. Leitfähigkeit	mS/m	DIN EN 27888		9,5	11,2
TOC	mg/l	DIN 38409 Teil 3	0,5	5,1	1,7
Arsen	mg/l	DIN 38405 Teil 18	0,001	0,005	0,002
Blei	mg/l	DIN 38406 Teil 6	0,002	0,002	<0,002
Cadmium	mg/l	DIN EN ISO 5961	0,0001	0,0003	0,0002
Chrom-ges.	mg/l	DIN EN 1233	0,001	0,004	0,003
Kupfer	mg/l	DIN 38406 Teil 7	0,002	0,011	0,003
Nickel	mg/l	DIN 38406 Teil 11	0,002	0,007	0,003
Quecksilber	mg/l	DIN 38406 Teil 12	0,0003	<0,0002	<0,0002
Zink	mg/l	DIN 38406 Teil 8	0,02	<0,02	<0,02
Cyanide leichtfreisetzbar	mg/l	DIN 38405 Teil 14	0,003	<0,003	<0,003
Kohlenwasserstoffe (H18)	mg/l	DIN 38409 Teil 18	0,05	<0,05	<0,05
PAK					
Naphthalin	µg/l	EPA 8270 C	0,1	<0,1	<0,1
Acenaphtylen	µg/l	EPA 8270 C	0,1	<0,1	<0,1
Acenaphten	µg/l	EPA 8270 C	0,1	<0,1	<0,1
Fluoren	µg/l	EPA 8270 C	0,1	<0,1	<0,1
Phenanthren	µg/l	EPA 8270 C	0,1	<0,1	<0,1
Anthracen	µg/l	EPA 8270 C	0,1	<0,1	<0,1
Fluoranthen	µg/l	EPA 8270 C	0,1	<0,1	<0,1
Pyren	µg/l	EPA 8270 C	0,1	<0,1	<0,1
Benz(a)anthracen	µg/l	EPA 8270 C	0,2	<0,2	<0,2
Chrysen	µg/l	EPA 8270 C	0,2	<0,2	<0,2
Benzo(b)fluoranthen	µg/l	EPA 8270 C	0,2	<0,2	<0,2
Benzo(k)fluoranthen	µg/l	EPA 8270 C	0,2	<0,2	<0,2
Benzo(a)pyren	µg/l	EPA 8270 C	0,2	<0,2	<0,2
Indeno(1,2,3,c,d)pyren	µg/l	EPA 8270 C	0,2	<0,2	<0,2
Dibenz(a,h)anthracen	µg/l	EPA 8270 C	0,2	<0,2	<0,2
Benzo(g,h,i)perylen	µg/l	EPA 8270 C	0,2	<0,2	<0,2
Summe (PAK)	µg/l				
LHKW					
Dichlormethan	µg/l	DIN EN ISO 10301	1	<1	<1
cis-1,2-Dichlorethen	µg/l	DIN EN ISO 10301	1	<1	<1
trans-1,2-Dichlorethen	µg/l	DIN EN ISO 10301	1	<1	<1
Trichlormethan	µg/l	DIN EN ISO 10301	0,05	<0,05	<0,05
1,1,1-Trichlorethan	µg/l	DIN EN ISO 10301	0,05	<0,05	<0,05
Tetrachlormethan	µg/l	DIN EN ISO 10301	0,05	<0,05	<0,05
Trichlorethen	µg/l	DIN EN ISO 10301	0,05	<0,05	<0,05
Tetrachlorethen	µg/l	DIN EN ISO 10301	0,05	<0,05	<0,05
Summe LHKW	µg/l				
Phenol-Index	mg/l	DIN 38409 Teil 16	0,01	<0,01	<0,01

Eluat-Analysenbericht

Emission

Unter Emissionen versteht man die von Betriebsstätten, Maschinen, Fahrzeugen oder Grundstücken ausgehenden Luftverunreinigungen, Geräusche, Erschütterungen, Licht, Wärme, Strahlen und ähnliche Erscheinungen (§ 3 BImSchG).

Die maximal zulässigen Emissionen werden durch das Bundes-Immissionsschutzgesetz sowie dessen untergesetzlichem Regelwerk (BImSch-Verordnungen) im Einzelnen geregelt.

Im Rahmen von Bauvorhaben sind insbesondere die damit verbundenen Emissionen von Staub und Lärm von Bedeutung.

Entsorgung

Der Begriff Entsorgung umfasst in der Abfallwirtschaft sowohl die → Verwertung als auch die sogenannte → Beseitigung von Abfällen.

Der für Abfälle zulässige Entsorgungsweg ist grundsätzlich abhängig von der jeweiligen Abfallart unter Berücksichtigung von Art und Höhe eventuell vorhandener Schadstoffe sowie den Genehmigungsauflagen der vorgesehenen Entsorgungsanlage.

Die im Rahmen von Bauvorhaben anfallenden überwiegend nicht oder nur gering belasteten mineralischen Massenabfälle Erdaushub und Bauschutt werden zum größten Teil im Rahmen von Rekultivierungs- oder Baumaßnahmen einer Verwertung zugeführt.

Andere Bauabfälle, wie z. B. asbesthaltige Dacheindeckungen müssen als sogenannte → gefährliche Abfälle („Sonderabfälle“) auf zugelassenen Deponien beseitigt werden.

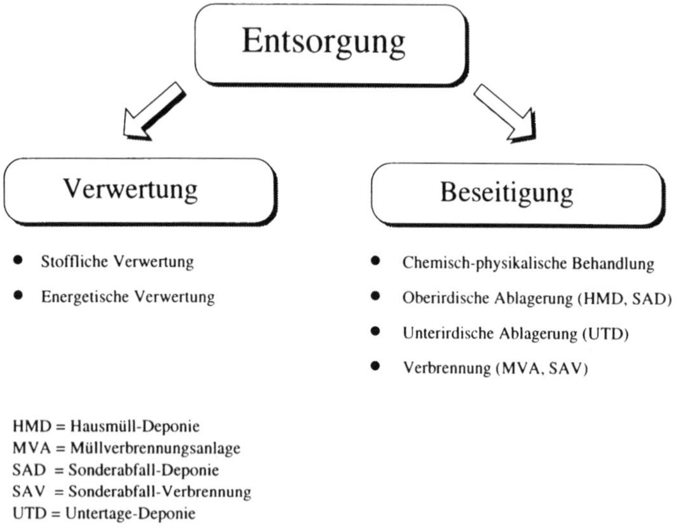

Entsorgung

Entsorgungsfachbetrieb

Unter einem Entsorgungsfachbetrieb versteht man in der Abfallwirtschaft tätige Unternehmen, deren organisatorische, personelle und technische Ausstattung besondere Anforderungen erfüllt.

Eine Anerkennung als Entsorgungsfachbetrieb gemäß Kreislaufwirtschaftsgesetz (§§ 56, 57 KrWG) erhalten Betriebe nach Zertifizierung durch eine unabhängige technische Überwachungsorganisation.

An Entsorgungsfachbetriebe werden insbesondere Anforderungen an die Betriebsorganisation, die Zuverlässigkeit des Inhabers, die Sach- und Fachkunde des Personals sowie die technische Ausstattung gestellt.

Welche Anforderungen Betriebe im Einzelnen zu erfüllen haben, um als Entsorgungsfachbetrieb zertifiziert werden zu können, regelt die Verordnung über Entsorgungsfachbetriebe vom 10.09.1996.

Um ihrer Sorgfaltspflicht nachzukommen sind Bauherren in ihrer Eigenschaft als → Abfallerzeuger gut beraten, die Entsorgung der im Rahmen ihres Bauvorhabens anfallenden Abfälle durch einen zertifizierten Entsorgungsfachbetrieb durchführen zu lassen.

Entsorgungsnachweis

Unter einem Entsorgungsnachweis versteht man den Nachweis über die ordnungsgemäße Entsorgung von Abfällen.

Die Nachweispflichten betreffen nach § 50 (1) KrWG Erzeuger, Besitzer, Sammler, Beförderer sowie Entsorger sogenannter → gefährlicher Abfälle.

Für Bauherren ist es zur Vermeidung kostenintensiver Baustellenstillstände ratsam rechtzeitig im Vorfeld der Baumaßnahme die Zulässigkeit von Entsorgungswegen insbesondere für anfallenden Erdaushub durch eine gutachterliche Entsorgungsplanung sicherzustellen.

EPA

Abkürzung für die US-amerikanische Umweltbundesbehörde (Environmental Protection Agency) mit Sitz in Washington, D.C.

Von der EPA herausgegebene Vorschriften und Empfehlungen werden in der Bundesrepublik z. B. in der Umwelt-Analytik angewandt.

Ein Analysewert mit der Bezeichnung PAK nach EPA bedeutet, dass die 16 am häufigsten in der Umwelt vorkommenden Polyzyklischen Aromatischen Kohlenwasserstoffe (→ PAK) untersucht und anschließend die Summe der Einzel-Konzentrationen gebildet wurde.

Erfassung

Die Erfassung dient als erster und grundlegender Arbeitsschritt der Altlastenbearbeitung der systematischen Erhebung von Altflächen.

Die Erfassung von Altflächen wird in einzelnen Bundesländern auch als Ersterhebung, Flächendeckende Erhebung, Bestandsaufnahme oder Gebietsinventur bezeichnet.

Die im Rahmen der Erfassung gewonnenen Daten dienen in erster Linie der Entscheidung, ob weitere Untersuchungen (→ Historische Erkundung) zur Klärung eines Altlastverdachts erforderlich sind.

Die Ergebnisse der Erfassung werden in behördlich geführte Altlastenkataster aufgenommen und können von Bauherren im Vorfeld von Grundstückskäufen oder Baumaßnahmen bei der zuständigen Altlastenbehörde eingesehen werden.

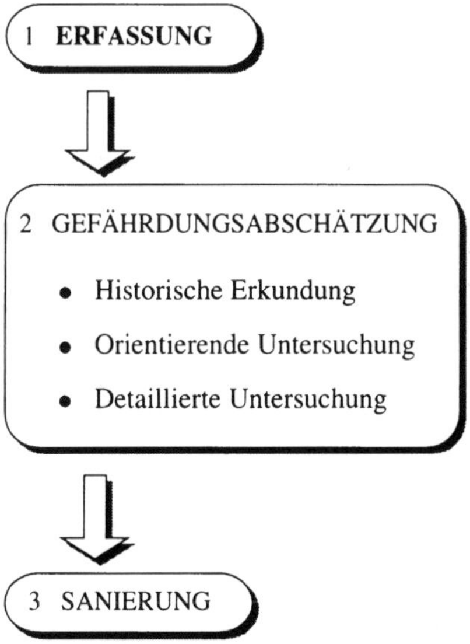

Erfassung

Exposition

Unter Exposition versteht man in der Umwelttechnik die Art und Weise des Kontaktes eines Schadstoffes mit einem Schutzgut, wie z. B. Menschen, Tiere, Pflanzen, Boden oder Grundwasser. Schadstoff-Expositionen sind in der Bauwirtschaft insbesondere bei → Arbeiten in kontaminierten Bereichen wie z. B. der Sanierung von Altlasten oder Gebäude-Schadstoffen, wie Asbest oder PCB möglich.

Zur Verhinderung einer Gesundheitsschädigung durch die zu sanierenden Schadstoffe sind entsprechende Arbeitsschutzmaßnahmen gesetzlich vorgeschrieben.

Faserstäube

Unter Faserstäuben versteht man Stäube, die künstliche anorganische Mineralfasern mit bestimmten, kritischen Abmessungen (Faserlänge $L > 5\ \mu m$, Faserdicke $D < 3\ \mu m$, $L : D > 3$) enthalten. Faserstäube werden auch als → WHO-Fasern bezeichnet.

Die Bauwirtschaft ist von Faserstäuben insbesondere beim Einbau und der Demontage von Mineralwolle-Dämmstoffen zur Wärme- und Schallisolation im Bereich des Hochbaus betroffen.

Hierbei muss bei Mineralwoll-Produkten, die vor dem Jahr 1996 eingebaut wurden, sogenannten alten Mineralwollprodukten, grundsätzlich vom Verdacht des krebserzeugenden Potenzials ausgegangen werden.

Beim Umgang mit alten Mineralwoll-Produkten, die Faserstäube freisetzen können ist die Technische Regel für Gefahrstoffe TRGS Nr. 521: Abbruch, Sanierungs- und Instandhaltungsarbeiten mit alter Mineralwolle zu beachten.

Flächenrecycling

Unter Flächenrecycling (Flächenreaktivierung) versteht man die Überführung brachliegender, ehemals gewerblich oder industriell genutzter Grundstücke in andere Nutzungsarten.

Bei der Wertermittlung von Grundstücken mit umweltkritischer Vornutzung müssen Bauherren und Investoren grundsätzlich beachten, dass neben zum Teil kostenintensiven Maßnahmen zur Sanierung von Boden, Bodenluft oder Grundwasser (→ Altlasten-Sanierung) auch die Bausubstanz noch vorhandener Betriebsgebäude durch Schadstoffe wie z. B. Asbest, Mineralöle, Schwermetalle oder Dioxine belastet sein kann, was erhebliche Mehrkosten für Gebäude-Abbruch und Entsorgung der Abbruchmaterialien zur Folge hat.

Fluor-Chlor-Kohlenwasserstoffe

Unter Fluor-Chlor-Kohlenwasserstoffen (FCKW) versteht man Kohlenwasserstoffe, bei denen ein oder mehrere Wasserstoffatome durch die Elemente Fluor und Chlor ersetzt wurden.

FCKW sind in der Bauwirtschaft insbesondere bei der Demontage von Kühl- und Klima-Anlagen beim Abbruch oder der Renovierung von Gebäuden von Bedeutung.

Anlagen, die FCKW-haltige Kältemittel enthalten sind gemäß DIN 8962 mit speziellen Kurzzeichen gekennzeichnet.

Kältemittel-Kurzzeichen	FCKW	Chemische Formel
R 10	Tetrachlormethan	CCl_4
R 12	Dichlordifluormethan	CCl_2F_2
R 22	Chlordifluormethan	$CHClF_2$
R 125	Pentafluorethan	CF_3CHF_2

FCKW-haltige Kältemittel

Formaldehyd

Formaldehyd ist ein farbloses, stechend riechendes Gas, für das der begründete Verdacht auf krebserzeugendes Potenzial besteht.

Formaldehyd ist für den Menschen umweltmedizinisch als Innenraum-Schadstoff von Bedeutung, wo es als Bindemittelzusatz in Möbeln und Einbauten aus Pressspan verwandt wird.

Weitere mögliche Quellen von Formaldehyd sind Farben, Lacke, Parkettversiegelungen, Kleber von Teppichböden aber auch der Rauch von Tabakwaren.

Bei Schleimhautreizungen in Nase, Augen und Hals oder nicht erklärbaren Allergien sollte über mögliche Formaldehyd-Quellen nachgedacht und ggf. die Raumluft durch entsprechende Messungen überprüft werden.

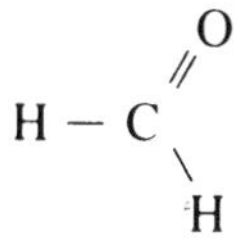

Formaldehyd

Furane

Polychlorierte Dibenzofurane (PCDF), oft vereinfacht als Furane bezeichnet, ist eine Sammelbezeichnung für eine Gruppe von 135 hochtoxischen organischen Chlorverbindungen.

Chemische Struktur, Vorkommen, Umweltverhalten sowie die Bedeutung der Furane für die Bauwirtschaft sind vergleichbar mit denen der → Dioxine.

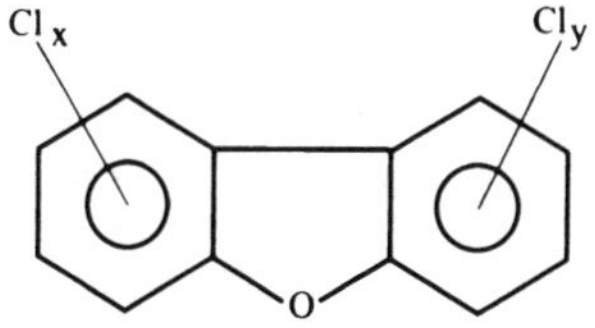

FURANE (PCDF)

Gebäude-Schadstoffe

Unter Gebäude-Schadstoffen versteht man Schadstoffe, die die Gesundheit des Menschen in Gebäuden gefährden.

Zu Gebäude-Schadstoffen zählen Baumaterialien mit gesundheitsschädlichen Inhaltsstoffen wie Asbest, Holzschutzmittel oder PCB. Aber auch Einrichtungsgegenstände wie Möbel (Formaldehyd), Fußbodenbeläge (PAK) oder Tapeten (Lösemittel) können zu einer Schadstoff-Belastung von Innenräumen beitragen.

Vor Sanierung von Gebäude-Schadstoffen analysieren Fach-Gutachter qualitativ und quantitativ mögliche Schadstoff-Quellen und erarbeiten ggf. ein einzelfallbezogenes Sanierungskonzept.

Bei bestimmten Gebäude-Schadstoffen wie z. B. PCB wird vor Durchführung umfangreicher Sanierungsmaßnahmen eine Probesanierung an repräsentativen Räumlichkeiten durchgeführt, um die Wirksamkeit der gewählten Sanierungsmethode zu prüfen.

Die Sanierung von Gebäude-Schadstoffen ist in der Regel arbeitsintensiv, zeitaufwendig und daher teuer. Zu beachten ist neben den zum Teil sehr hohen Sanierungskosten unter Umständen die Notwendigkeit der Beschaffung von Ersatzräumlichkeiten für die Dauer der Gebäude-Sanierung.

Der Nachweis des Erfolgs von Sanierungsmaßnahmen erfolgt u. a. durch spezielle → Raumluft-Messungen.

Die folgende Abbildung gibt einen Überblick über typische Gebäude-Schadstoffe, ihr Vorkommen sowie die von ihnen ausgehenden Gesundheitsgefahren.

Schadstoff	Vorkommen	Gesundheitsgefahr
Asbest	Dacheindeckung Nachtspeicheröfen Brandschutztüren u.v.m.	Asbestose, Lungenkrebs Krebs von Rippen -oder Bauchfell (Mesotheliome)
Dioxine	Brandschäden Kieselrot	Schädigung des Nerven- und Immunsystems, krebserzeugend
Formaldehyd	Spanplatten, Möbel Teppichböden Klebstoffe, Tabakrauch	Allergien, Schleimhautreizung der Augen und oberen Atemwege Schlafstörungen, Krebsverdacht
PAK	Parkettkleber Asphaltplatten Fußböden Teerprodukte	Allergien, Hautauschläge Kopfschmerzen, Übelkeit Krebserzeugend (Benzo-a-pyren)
PCB	Fugendichtungen Flammschutzanstriche Kondensatoren von Leuchtstoffröhren	Koptschmerzen, Erbrechen, Hautveränderungen, Schädigung von Leber, Milz sowiedes Immunsystems
PCP	Holzschutzmittel	Koptschmerzen, Übelkeit, Erbrechen,Schädigung des Nerven- und Immunsystems, Krebsverdacht
Radon	natürliches Gestein Fliesen, Baustoffe	Übelkeit, Schwächegefühl, Magendarmstörungen, krebserzeugend
Schimmelpilze	Feuchteschäden Klimaanlagen	Allergien, Kopfschmerzen, Übelkeit, Schwindelgefühle

Gebäude-Schadstoffe

Gefährdungsabschätzung

Die Gefährdungsabschätzung ist nach der Erfassung die zweite Hauptphase bei der Bearbeitung von Altlasten-Projekten.

Gefährdungsabschätzungen werden durch Fachgutachter erstellt und dienen der zuständigen Altlastenbehörde zur abschließenden Beurteilung der Frage: Altlast: ja oder nein?

In der Gefährdungsabschätzung werden die Erkenntnisse aller bisher durchgeführten Untersuchungen wie Historische Erkundung, Orientierende und Detaillierte Untersuchung zusammenfassend dargestellt und abschließend bewertet.

Grundstückseigentümer können in ihrer Eigenschaft als → Sanierungspflichtige von der zuständigen Altlastenbehörde zur Durchführung der notwendigen Untersuchungen zur Gefährdungs-Abschätzung herangezogen werden, wenn aufgrund konkreter Anhaltspunkte der hinreichende Verdacht einer schädlichen Bodenveränderung oder → Altlast besteht (§ 9 BBodSchG).

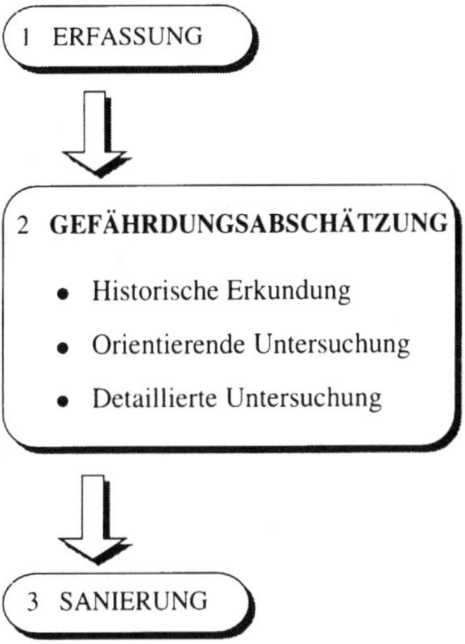

Gefährdungsabschätzung

Gefährdungspotenzial

Unter Gefährdungspotenzial versteht man in der Altlastenpraxis die Summe möglicher Gefährdungen und Schädigungen des Menschen oder der Umwelt, die unter bestimmten Bedingungen von einer Altlast zu erwarten sind.

Das Gefährdungspotenzial einer Altlast ist grundsätzlich abhängig vom jeweiligen Schadstoff-Inventar sowie der möglichen Wege, auf denen ein Schadstoff zum Schutzgut gelangen kann (→ Wirkungspfad).

Gefahr

Das allgemeine Polizei- und Ordnungsrecht definiert Gefahr als eine Lage, die in absehbarer Zeit bei ungehindertem Ablauf des Geschehens mit hinreichender Wahrscheinlichkeit zu einem Schaden an der Öffentlichen Sicherheit und Ordnung bzw. an deren Schutzgütern führt.

Das Vorliegen einer Gefahr für den Einzelnen oder die Allgemeinheit ist für die zuständige Altlastenbehörde gemäß Bundes-Bodenschutzgesetz ein wesentliches Kriterium zur Entscheidung, ob es sich bei einer altlastenverdächtigen Fläche um eine → Altlast handelt oder nicht.

Gefahrstoff

Unter Gefahrstoffen versteht man Stoffe, die ein oder mehrere der folgenden Gefährlichkeitsmerkmale aufweisen:

Gefahrstoffe treten in der Bauwirtschaft insbesondere bei → Arbeiten in kontaminierten Bereichen wie der Sanierung von Altlasten oder Gebäude-Schadstoffen wie Asbest, PCB oder PAK auf.

Beim Umgang mit Gefahrstoffen sind besondere Maßnahmen zum Arbeitsschutz der Beschäftigten zu beachten. Diese umfassen neben der Anzeige der Arbeiten bei der zuständigen Arbeitsschutzbehörde insbesondere die Abschätzung der im Einzelfall vorliegenden Gefährdung sowie die Festlegung organisatorischer, technischer und persönlicher Arbeitsschutzmaßnahmen (→ Sicherheits- und Gesundheitsschutzplan).

Gefahrstoff-Merkmale

- explosionsgefährlich
- brandfördernd
- hochentzündlich
- leichtentzündlich
- entzündlich
- sehr giftig
- giftig
- gesundheitsschädlich
- ätzend
- reizend
- sensibilisierend
- krebserzeugend
- fortpflanzungsgefährdend
- erbgutverändernd
- umweltgefährlich
- chronisch schädigend
- explosionsfähig
- krankheitsübertragend

Gefahrstoffmerkmale

Gefahrstoff-Verordnung

Die Verordnung zum Schutz vor gefährlichen Stoffen (Gefahrstoff-Verordnung-GefStoffV) konkretisiert als untergesetzliches Regelwerk die Rahmenbestimmungen des Chemikaliengesetzes und hat zum Ziel Mensch und Umwelt vor gefährlichen Stoffen zu schützen.

Der Schutz wird im Wesentlichen gewährleistet durch die Verpflichtung der Hersteller zur Kennzeichnung und Verpackung von Gefahrstoffen, durch Festlegung von Schutzmaßnahmen beim Umgang mit Gefahrstoffen sowie dem Verbot von Herstellung und Verwendung einzelner Gefahrstoffe.

In der Bauwirtschaft wird mit Gefahrstoffen insbesondere bei → Arbeiten in kontaminierten Bereichen, wie der Sanierung von Altlasten oder Gebäude-Schadstoffen wie z. B. Asbest oder PCB umgegangen.

Gefährliche Abfälle

Unter gefährlichen Abfällen versteht man Abfälle, die nach Art, Beschaffenheit oder Menge in besonderem Maße den Menschen oder seine Umwelt gefährden. Gefährliche Abfälle werden oft auch als „Sonderabfälle“ oder umgangssprachlich als „Sondermüll“ bezeichnet.

Welche Abfälle als „gefährliche Abfälle“ eingestuft werden, ist in der → Abfallverzeichnis-Verordnung (AVV) aufgeführt.

Die folgende Abbildung zeigt typische, gefährliche Abfälle, wie sie im Rahmen von Bauvorhaben anfallen.

Bauabfall	Abfall-Bezeichnung	AVV-Abfall-Schlüssel
Asbest, schwach gebunden	Dämmmaterial, das Asbest enthält	17 06 01 *
Asbestzement, stark gebunden	Asbesthaltige Baustoffe	17 06 05 *
Asphalt, teer	Teerhaltige Bitumengemische	17 03 01 *
Bauschutt, kontaminiert	Gemische aus oder getrennte Fraktionen von Beton, Ziegeln, Fliesen und Keramik, die gefährliche Stoffe enthalten	17 01 06 *
Bodenaushub, kontaminiert	Boden und Steine, die gefährliche Stoffe enthalten	17 05 03 *
Holz, kontaminiert	Holz mit gefährlichen Stoffen	17 02 04 *
Mineralwolle, alt	Dämmmaterial aus gefährlichen Stoffen	17 06 03 *
PCB-haltige Abfälle	Bau- und Abbruchabfälle, die PCB enthalten	17 09 02 *
Teerpappe	Kohlenteer und teerhaltige Produkte	17 03 03 *

Gefährliche Bauabfälle (gemäß AVV)

Geogen

Bezeichnung für die Konzentration von Schadstoffen im Boden, die sich aus der natürlich vorhandenen Grundkonzentration ergibt.

Typische geogene Bodenschadstoffe sind z. B. Schwermetalle wie Blei oder Arsen.

Im Gegensatz zum geogenen Belastung eines Bodens steht der Eintrag von Schadstoffen durch den Menschen, die anthropogene Bodenbelastung.

Für Besitzer oder Eigentümer von Grundstücken ist von Bedeutung, dass allein aufgrund geogener Schadstoffgehalte keine → Altlast vorliegt und somit auch kein Sanierungsbedarf besteht. Dies ändert sich, wenn durch Einwirkung auf den Boden z. B. im Rahmen von Baumaßnahmen Schadstoffe in erheblichem Umfang freigesetzt wurden oder werden (§ 4 BBodSchV).

Grenzwert

Unter einem Grenzwert versteht man im Bereich der Umwelttechnik in Gesetzen, Verordnungen oder Verwaltungsvorschriften für Dritte verbindlich festgelegte Konzentrationen von Schadstoffen in einem Medium.

Zu umweltrelevanter Grenzwerten im Bereich der Bauwirtschaft zählen zum Beispiel die Vorsorge-, Prüf- und Maßnahmewerte der → Bundes-Bodenschutz- und Altlastenverordnung zur Bewertung schädlicher Bodenveränderungen, die → Zuordnungswerte der LAGA zur abfalltechnischen Klassifikation von Erdaushub oder Bauschutt oder die maximal zulässigen Raumluft-Konzentrationen der → Asbest- oder → PCB-Richtlinien, bei deren Unterschreitung der Erfolg einer Gebäude-Sanierung nachgewiesen wird.

Grundwasser

Unterirdisches Wasser, das Poren, Klüfte oder Karsthohlräume innerhalb von Gesteinskörpern zusammenhängend ausfüllt und dessen Bewegungsmöglichkeit ausschließlich durch die Schwerkraft bestimmt wird.

Das Grundwasser ist als wichtiges Schutzgut insbesondere im Rahmen der Sanierung von Altlasten von Bedeutung.

Die Sanierung altlastbedingter Grundwasser-Schäden wird durch das → Bundes-Bodenschutzgesetz (BBodschG) geregelt.

Die im Rahmen größerer Bauvorhaben in der Regel erforderliche Absenkung des Grundwasserspiegels sowie die Einleitung des zutage geförderten Grundwassers bedürfen der behördlichen Genehmigung.

Bauherren müssen beachten im Rahmen der Bauwasserhaltung eventuell anfallendes kontaminiertes Grundwasser vor Einleitung so abzureinigen, dass die örtlich zulässigen Einleitegrenzwerte eingehalten werden.

Grundwasser-Flurabstand

Lotrechter Höhenunterschied zwischen einem Punkt der Erdoberfläche und der Grundwasseroberfläche des obersten Grundwasserleiters.

Der Grundwasser-Flurabstand spielt insbesondere bei der → Gefährdungsabschätzung von Altlasten eine wichtige Rolle. Hierbei bedeutet ein geringer Grundwasser-Flurabstand tendenziell ein vergleichsweise hohes Gefährdungspotenzial durch auswaschbare (eluierbare) Bodenschadstoffe.

Grundwasser-Sanierung

Unter Grundwasser-Sanierung versteht man zusammenfassend alle technische Verfahren zur Beseitigung von Grundwasser-Verunreinigungen (aktive Verfahren) oder zur Verhinderung der weiteren Ausbreitung ins Grundwasser gelangter Schadstoffe (passive Verfahren).

Die aktiven Sanierungsverfahren (pump and treat-Verfahren) sind dadurch gekennzeichnet, dass kontaminiertes Grundwasser unter Eintrag von Energie gefördert und in einem weiteren Verfahrensschritt z. B. durch Adsorption, Strippung oder Ionenaustausch gereinigt wird.

Bei den passiven Verfahren (hydraulische Abwehrmaßnahmen) durchströmt das belastete Grundwasser ohne Eintrag von Energie eine im Grundwasserleiter errichtete Wand, die reaktive oder adsorptive Materialien zur Schadstoff-Entfernung enthält.

Welche Verfahren zur Sanierung eines Grundwasserschadens im Einzelfall zur Anwendung kommen ist im Wesentlichen abhängig vom vorliegenden Schadstoffspektrum sowie den geologischen und hydrogeologischen Randbedingungen.

Die Bauwirtschaft wird mit dem Thema Grundwasser-Sanierung insbesondere im Vorfeld von Baumaßnahmen (Altlastensanierung) oder in der ersten Phase der Bauausführung (Bauwasserhaltung) konfrontiert.

Die folgende Abbildung gibt einen Überblick über die wichtigsten Verfahren zur Sanierung kontaminierter Grundwässer.

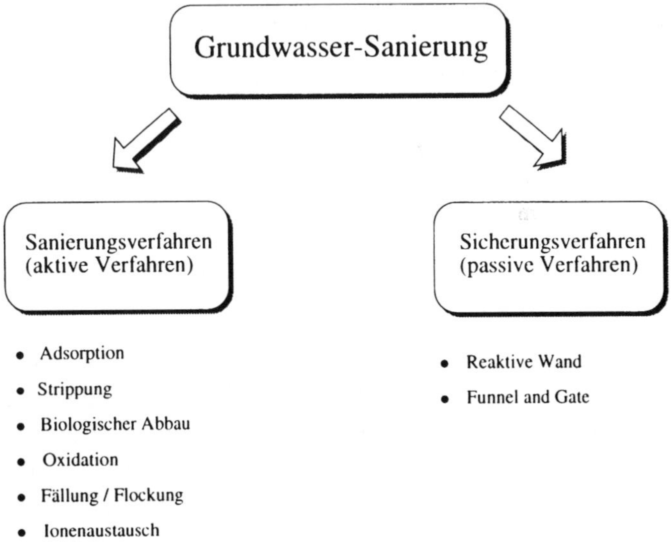

Grundwasser-Sanierung

Halogenierte Kohlenwasserstoffe

Unter Halogenierten Kohlenwasserstoffen (HKW) versteht man → Kohlenwasserstoffe, bei denen die Wasserstoff-Atome teilweise oder vollständig durch die Elemente Fluor, Chlor, Brom oder Iod (Halogene) ersetzt wurden.

Der unsachgemäße Einsatz leichtflüchtiger halogenierter Kohlenwasserstoffe (LHKW) wie z. B. Trichlorethen (Tri) oder Tetrachlorethen (Per) als technische Lösemittel in Betrieben der Metallverarbeitung sowie in chemischen Reinigungen führte vielfach zu sanierungsbedürftigen Schäden der Umweltmedien Boden, Bodenluft und Grundwasser.

Schwerflüchtige halogenierte Kohlenwasserstoffe (SHKW), als Holzschutzmittel (Lindan, DDT) oder als Weichmacher in Fugendichtungen bzw. als Flammschutzmittel (PCB) eingesetzt, sind heute vielfach Ursache kostenintensiver Gebäudesanierungen.

Handlungsstörer

Unter einem Handlungsstörer versteht man im Umweltrecht natürliche oder juristische Personen, durch deren Tun oder Unterlassen eine Gefahr für die Umwelt unmittelbar verursacht wird.

Handlungsstörer (Handlungsverantwortliche, Verhaltensverantwortliche) können verschuldungsunabhängig von der zuständigen Altlastenbehörde zur Durchführung von Maßnahmen zur Gefahrenabwehr in Anspruch genommen werden (§ 4 BBodSchG).

Hintergrundgehalt

Schadstoffgehalt eines Bodens, der sich aus dem natürlichen (geogenen) Grundgehalt eines Bodens sowie der ubiquitären Stoffverteilung als Folge diffuser Einträge in den Boden zusammensetzt (§ 2 BBodSchV).

Grundstückseigentümer und Bauherren sollten wissen, dass allein aufgrund geogen erhöhter Schadstoffgehalte keine → Altlast vorliegt, so dass aus diesem Grund auch kein Sanierungsbedarf besteht.

Dies ändert sich, wenn durch Einwirkung auf den Boden z. B. im Rahmen von Baumaßnahmen Schadstoffe in erheblichem Umfang freigesetzt wurden oder werden (§ 4 BBodSchV).

Historische Erkundung

Unter einer Historischer Erkundung versteht man eine standortbezogene Sammlung, Aufbereitung und Auswertung der über eine altlastverdächtige Fläche in schriftlichen Quellen, Karten und Luftbildern sowie aus Befragungen vorliegenden Daten, Tatsachen und Erkenntnisse, insbesondere über die frühere und gegenwärtige Nutzung der Fläche.

Die Historische Erkundung ist der erste Untersuchungsschritt zur Abschätzung der von einer altlastverdächtigen Fläche ausgehenden Gefährdung.

Als Synonyme werden in einzelnen Bundesländern die Begriffe Historische Recherche, Vertiefende Erhebung, Einzelfall-Recherche, Standort-Recherche oder Standortbezogene Erhebung verwandt.

Zur Reduzierung des Risikos kostenintensiver Baustellenstillstände ist für Bauherrn neben der Einsichtnahme in behördlich geführte → Altlastenkataster die Durchführung einer Historischen Erkundung im Vorfeld eines geplanten Bauvorhabens grundsätzlich empfehlenswert.

Historische Erkundung

Holzschutzmittel

Unter Holzschutzmitteln versteht man die bei der Be- und Verarbeitung von Holz eingesetzten Stoffe mit biozider Wirkung gegen holzzerstörende Insekten oder Pilze sowie holzverfärbende Pilze, ferner Stoffe zur Herabsetzung der Entflammbarkeit von Holz (1. BImSchV).

Bei den in der Vergangenheit eingesetzten Holzschutzmitteln unterscheidet man vereinfachend zwischen anorganischen Salzverbindungen und organischen Holzschutzmitteln, wie z. B. PCP, Lindan oder Teerölen.

Der Einsatz von Holzschutzmitteln in Innenräumen kann die menschliche Gesundheit durch erhöhte Raumluft-Belastungen ernsthaft gefährden. Je nach den Verhältnissen des Einzelfalls ist dann eine Sanierung der jeweiligen Räumlichkeiten oder Gebäude erforderlich.

Der Einsatz von Holzschutzmitteln führt des Weiteren zu erhöhten Entsorgungskosten für im Rahmen von Sanierungs- oder Abbruchvorhaben anfallendes kontaminiertes → Altholz.

Immission

Unter Immissionen versteht man die auf Menschen, Tiere und Pflanzen, den Boden, das Wasser, die Atmosphäre sowie Kultur- und sonstige Sachgüter einwirkenden Luftverunreinigungen, Geräusche, Erschütterungen, Licht, Wärme, Strahlen und ähnliche Umwelteinwirkungen (§ 3 BImSchG).

Die maximal zulässigen Immissionen werden durch das Bundes-Immissionsschutzgesetz sowie dessen untergesetzlichem Regelwerk (BImSch-Verordnungen) im Einzelnen geregelt.

So sind z. B. beim Bau öffentlicher Straßen oder Schienenwege die Lärm-Grenzwerte der 16. BImSchV (Verkehrslärmschutzverordnung) zu beachten.

Nachbarschaft	Tag	Nacht
Krankenhäuser, Schulen, Kurheime, Altenheime	57 dB (A)	47 dB (A)
Reine und allgemeine Wohngebiete, Kleinsiedlungsgebiete	59 dB (A)	49 dB (A)
Kerngebiete, Dorfgebiete, Mischgebiete	64 dB (A)	54 dB (A)
Gewerbegebiete	69 dB (A)	59 dB (A)

Immisionsgrenzwerte der 16. BImSchV (Verkehrslärmschutz-Verordnung)

Immobilisierung

Unter Immobilisierung werden technische Verfahren zur Herabsetzung der Mobilität und Mobilisierbarkeit von Boden-Schadstoffen für Emissionsprozesse wie Auslaugung (Elution), Verwehung oder Gasbildung verstanden.

Die Verfahren der Immobilisierung dienen damit als typische Sicherungsmaßnahmen im Wesentlichen der Sanierung von → Altlasten.

Die Verfestigung der Bodenschadstoffe erfolgt durch Zugabe von Wasser mit Bindemitteln wie z. B. Zement, Bentonit, Wasserglas oder Kunstharzen.

Je nach vorliegenden Bodenverhältnissen kann die Immobilisierung sowohl nach Aushub des kontaminierten Bodens auf der Baustelle (on site) aber auch direkt durch Injektion der Verfestigungsmittel in den verunreinigten Untergrund (in situ) erfolgen.

Die folgende Abbildung zeigt das Verfahren der in situ-Immobilisierung in schematischer Form.

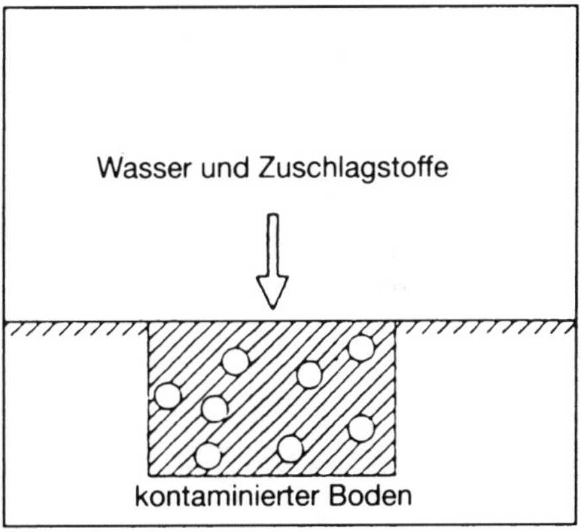

In situ-Immobilisierung

Inhalativ

Unter inhalativ versteht man in der Umweltmedizin die Aufnahme von Schadstoffen durch die Atmung.

Zu Schadstoffen, die inhalativ aufgenommen werden können zählen z. B. Asbest, Lösemitteldämpfe oder an Staubpartikel gebundene Schadstoffe wie PAK oder Dioxine.

Zur Verhinderung der Einatmung von Schadstoffen sind für die bei → Arbeiten in kontaminierten Bereichen wie der Sanierung von Altlasten oder Gebäude-Schadstoffen eingesetzten Arbeitnehmer auf den Einzelfall abgestimmte Atemschutz-Maßnahmen vorgeschrieben.

In situ-Verfahren

Unter in situ-Verfahren versteht man in der Altlastenpraxis Verfahren zur Sanierung der Umweltmedien Boden, Bodenluft und Grundwasser unter Beibehaltung der natürlichen Lagerungsbedingungen ohne Aushub von Bodenmaterial.

Typische in situ-Verfahren sind z. B. die Bodensanierung durch Zusatz von Verfestigungsmitteln (Immobilisierung) oder schadstoffabbauender Bakterien (biologische Bodensanierung), die Sanierung der Bodenluft durch Bodenluft-Absaugung oder die Sanierung von Grundwasserschäden durch → Strippung.

Bei Bauvorhaben auf kontaminierten Standorten finden in situ-Verfahren oft im Vorfeld einer späteren Aushub-Sanierung oder parallel zu Baumaßnahmen statt. In beiden Fällen ist eine auf die Randbedingungen des Bauvorhabens abgestimmte, technisch-wirtschaftliche Sanierungsplanung zu empfehlen.

Kanzerogen

Als kanzerogen (cancerogen, carcinogen) werden allgemein Faktoren bezeichnet, die beim Menschen oder Tier zur Entstehung von Krebs führen können.

In der Bauwirtschaft wird mit kanzerogenen Stoffen insbesondere bei → Arbeiten in kontaminierten Bereichen wie der Sanierung von Altlasten oder Gebäude-Schadstoffen umgegangen.

Beim Umgang mit krebserzeugenden Gefahrstoffen ist zu beachten, die Arbeiten spätestens 14 Tage vor Beginn der zuständigen Arbeitsschutzbehörde anzuzeigen sowie gemäß Baustellenverordnung einen → Sicherheits- und Gesundheitsschutzplan (SiGe-Plan) zu erstellen.

Die folgende Abbildung gibt einen Überblick über in der Bauwirtschaft vorkommende kanzerogene Gefahrstoffe.

EU-Kategorie	Stoff	Vorkommen
K 1 (krebserzeugend)	• Asbest • Benzol • Buchenholzstaub	• Dächer, Fußbodenbeläge, Brandschutzklappen, Nachtspeicheröfen, Spritzasbest u.v.m. • Kraftstoffzusatz • Schreinerei
K 2 (krebserzeugend im Tierversuch)	• Cadmium • Chrom VI • Dioxine • KMF • PAK (Benzo-a-pyren)	• Alte Anstriche • Holzschutzmittel, Zement • Brandrückstände • Isoliermaterialien • Teerhaltiger Asphalt Parkettklebstoff
K 3 (begründeter Verdacht auf krebserzeugendes Potenzial)	• Blei-Chromat • Formaldehyd • PCB • PCP • Trichlorethen (Tri) • Tetrachlorethen (Per)	• Alte Anstriche • Reiniger, Desinfektionsmittel • Fugendichtungen • Holzschutzmittel • Lösemittel • Lösemittel

Krebserzeugende Stoffe in der Bauwirtschaft

Kanzerogenitätsindex

Unter dem Kanzerogenitätsindex (KI) versteht man eine dimensionslose Kenngröße zur Bewertung des krebserzeugenden Potenzials von Fasern mit bestimmten geometrischen Abmessungen ($L > 5\,\mu m$, $D < 3\,\mu m$, L/D-Verhältnis > 3), die auch als > WHO-Fasern bezeichnet werden.

Die Bestimmung des KI-Wertes erfolgt insbesondere zur Beurteilung und Einstufung unbekannter Mineralwollprodukte.

Der KI-Wert errechnet sich aus der mineralischen Zusammensetzung der Fasern gemäß:

$$KI = \sum(\mathrm{Na, K, Ba, Ca, Mg, B})\mathrm{Oxide} - 2(\mathrm{Al\text{-}Oxid})$$

Die folgende Abbildung zeigt die Einstufung von Mineralfasern in Abhängigkeit des ermittelten KI-Wertes.

Krebs-Potential KMF

KI-Wert	EU-Kategorie	Bewertung
$KI \leq 30$	K 2	krebserregend im Tierversuch
$30 < KI < 40$	K 3	begründeter Verdacht
$KI \geq 40$	entfällt	entfällt

Bewertung von KMF-Produkten

kf-Wert

→ Durchlässigkeitsbeiwert

Kieselrot

Unter Kieselrot versteht man Laugungsrückstände aus der Kupfergewinnung oder Gemische mit diesen Rückständen, die insbesondere als Beläge für Sportplätze, Spielplätze und auf Wegen und Plätzen verwendet wurden.

Kieselrot enthält eine Vielzahl chemischer Verbindungen, die auf den Menschen toxisch wirken. Neben Schwermetallen, Schwefel- und Stickstoffverbindungen sind vor allem hochtoxische Chlorverbindungen wie Dioxine und Furane von Bedeutung.

Kohlenwasserstoffe

Unter Kohlenwasserstoffen versteht man chemische Verbindungen des Kohlenstoffs (C) mit dem Element Wasserstoff (H).

Aufgrund chemischer Eigenschaften wie der Molekül-Anordnung im Raum, verschiedenen chemischer Bindungsarten sowie der Möglichkeit des Austauschs von C- bzw. H-Atomen ergibt sich eine unüberschaubare Vielzahl von Einzelverbindungen.

Nach ihrer chemischen Struktur unterscheidet man kettenförmige (aliphatische), ringförmige (zyklische) sowie aromatische Kohlenwasserstoffe, die auf dem Grundkörper → Benzol basieren.

Kohlenwasserstoffe treten im Rahmen von Bau- und Sanierungsmaßnahmen oft als zu sanierende Schadstoffe auf.

Bei der Sanierung von Altlasten sind dies häufig Mineralöl-Produkte, die z. B. als Kraftstoffe zu Kontaminationen von Tankstellengeländen führten oder Chlorierte Kohlenwasserstoffe (CKW), deren unsachgemäßer Einsatz als Lösemittel in Betrieben der Metallverarbeitung oder chemischen Reinigungen Umweltschäden nach sich zog.

Kohlenwasserstoffe treten des Weiteren als Schadstoffe bei der Sanierung von Brandschadensfällen (Dioxine/Furane), Fugendichtungen (PCB), Parkettfußbodenkleber (PAK) oder als Holzschutzmittel (PCP, Lindan) auf.

Die folgende Abbildung gibt einen Überblick über in der Bauwirtschaft vorkommende umweltrelevante Kohlenwasserstoffe sowie deren übliche Kurzbezeichnung.

Umweltrelevante Kohlenwasserstoffe

- Benzol
- Benzo-a-pyren (BaP)
- Chlorierte Kohlenwasserstoffe (CKW)
- Dichlor-diphenyl-trichlorethan (DDT)
- Fluor-Chlor-Kohlenwasserstoffe (FCKW)
- Hexachlorcylohexan (Lindan)
- Mineralöl-Kohlenwasserstoffe (MKW)
- Pentachlorphenol (PCP)
- Polychlorierte Biphenyle (PCB)
- Polychlorierte Dibenzodioxine (PCDD)
- Polyzyklische Aromatische Kohlenwasserstoffe (PAK)
- Toluol
- Xylol

Umweltrelevante Kohlenwasserstoffe

Kontamination

Der rechtlich nicht definierte Begriff Kontamination sowie die oft synonym benutzten Begriffe Belastung und Verunreinigung werden in verschiedenen Bereichen der Umwelttechnik verwandt.

In der Altlastenpraxis dient der Begriff Kontamination der Beschreibung des Verschmutzungsgrades von Boden, Bodenluft oder Grundwasser nach Eintrag von Schadstoffen durch den Menschen.

Bauherren sollten beachten, dass ab einem bestimmten Kontaminationsgrad (→ Maßnahmewerte) in der Regel Sanierungsmaßnahmen erforderlich werden, die Kosten und Ablauf eines Bauvorhabens je nach Art und Umfang der Verunreinigungen stark beeinflussen können.

In der Abfallwirtschaft bedeutet der Begriff Kontamination die Belastung einer Abfallart z. B. Erdaushub, Bauschutt oder Abbruchholz mit umweltrelevanten Schadstoffen.

Für Bauherren ist in ihrer Eigenschaft als → Abfallerzeuger von Bedeutung, dass der gesetzlich zulässige Weg zur Entsorgung von Bauabfällen und damit die Höhe der Entsorgungskosten wesentlich von Art und Umfang eventuell vorhandener Kontaminationen abhängen.

Kontaminationsverdächtige Fläche

Unter einer Kontaminationsverdächtigen Fläche (KVF) versteht man eine Fläche innerhalb einer Liegenschaft oder eines Grundstücks, für die aufgrund ihrer ehemaligen oder derzeitigen Nutzung der Verdacht einer schädlichen Bodenveränderung oder → Altlast besteht.

Zu Kontaminationsverdächtigen Flächen (Verdachtsflächen) zählen z. B. Betriebstankstellen, Werkstätten oder Lager bzw. Umschlagplätze für Betriebsstoffe.

Bei einem geplanten Veräußerung eines Grundstück ist es für den Grundstückseigentümer vor Vertragsabschluss in der Regel erforderlich die Frage möglicher Altlasten durch umwelttechnische Untersuchung vorhandener Verdachtsflächen zu klären.

Kontaminierter Bereich

Unter Kontaminierter Bereich versteht man allgemein einen Bereich, der Gefahrstoffe in einem den Menschen und/oder die Umwelt schädigenden Ausmaß enthält.

Zu kontaminierten Bereichen zählen insbesondere verunreinigte Grundstücke (→ Altlasten), Produktionsstandorte oder Gebäude, die mit Bauschadstoffen wie Asbest oder PCB belastet sind.

Im Rahmen von Sanierungsmaßnahmen wird der durch Gefahrstoffe kontaminierte Bereich auch als Sanierungsbereich oder „Schwarzbereich" bezeichnet.

Die beim Umgang mit → Gefahrstoffen zu beachtenden Arbeitsschutzmaßnahmen sind in der Berufsgenossenschaftlichen Regel → BGR 128 (kontaminierte Bereiche) im Einzelnen dargestellt.

Konversion

Unter Konversion versteht man in der Altlastenpraxis die zivile Umnutzung ehemals militärisch genutzter Liegenschaften.

Bauherren und Investoren müssen bei Interesse an der Konversion dieser Liegenschaften beachten, dass neben möglichen Verunreinigungen der Grundstücke oft auch die Bausubstanz noch vorhandener Gebäude zum Teil mit erheblichen Schadstoffen belastet ist, was erhöhte Kosten für Rückbau und → Entsorgung der Abbruchmaterialien zur Folge hat.

Koordinator

→ Sicherheits- und Gesundheitsschutz-Koordinator

Kreislaufwirtschaftsgesetz

Das Kreislaufwirtschaftsgesetz (KrWG) vom 24.02.12 dient der Förderung der Kreislaufwirtschaft und damit der Schonung der natürlichen Ressourcen sowie dem Schutz von Mensch und Umwelt bei der Erzeugung und Bewirtschaftung von Abfällen.

Die Bestimmungen des KrWG sind für Bauherren (→ Abfallerzeuger) sowie ausführende Baufirmen (→ Abfallerzeuger, → Abfallbesitzer, Abfallsammler, Abfallbeförderer sowie Abfallentsorger) von großer Bedeutung.

So werden hier die Grundpflichten von Abfallerzeugern und -besitzern zur Vermeidung, Verwertung und gemeinwohlverträglichen → Beseitigung von Abfällen festgeschrieben.

Weitere Pflichten der Abfallerzeuger (Bauherren, ausführende Firmen) betreffen die Erstellung von Konzepten und Bilanzen zur Abfallwirtschaft oder die Nachweisführung zur Dokumentation der ordnungsgemäßen Abfall-Entsorgung.

Künstliche Mineralfasern

Unter Künstlichen Mineralfasern (KMF) versteht man künstlich hergestellte glasartige Fasern anorganischen Ursprungs.

Gesundheitsgefahren durch KMF bestehen in erster Linie bei Einatmung mikroskopisch kleiner, lungengängiger Faseranteile, sogenannter → Faserstäube.

In der Bauwirtschaft werden KMF insbesondere als Mineralwolldämmstoffe (Glas- und Steinwollen) zur Isolation von Wärme und Schall im Hochbau eingesetzt.

Die beim Umgang mit KMF zu beachtenden Arbeitsschutzmaßnahmen sind in der Technischen Regel für Gefahrstoffe TRGS Nr. 521 (Abbruch-, Sanierungs- und Instandhaltungsmaßnahmen mit alter Mineralwolle) im Einzelnen aufgeführt.

Von Bedeutung ist des Weiteren die von Vertretern der Industrie, Gewerkschaften sowie der Berufsgenossenschaften herausgegebene Handlungsanleitung über den Umgang mit Mineralwolle-Dämmstoffen (Glaswolle, Steinwolle) in der Bauwirtschaft.

In dieser Handlungsanleitung werden die zu treffenden Arbeitsschutzmaßnahmen in Abhängigkeit der jeweiligen Tätigkeit in den Bereichen Hochbau und Technische Isolierung dargestellt.

Die empfohlenen Schutzmaßnahmen reichen von der Auswahl vorkonfektionierter Mineralwoll-Produkte über emmissionsarme Arbeitsverfahren bis hin zu persönlichen Schutzausrüstungen in Form atmungsaktiver Schutzanzüge oder Atemschutzmasken.

	Alte KMF-Produkte	**Neue KMF-Produkte**
Herstellungszeit	vor 1996	ab 6 / 2000
Krebspotenzial	ja	nein
Kanzerogenitätsindex	KI ≤ 30	KI ≥ 40
Relevantes Regelwerk	TRGS 521	TRGS 500

Künstliche Mineralfasern

LAGA-Regeln

Technische Regeln der Bund-/Länder-Arbeitsgruppe „Länderarbeitsgemeinschaft Abfall“, die im Jahr 1991 zur Vereinheitlichung der Untersuchung und Bewertung von Reststoffen eingerichtet wurde.

Für die Bauwirtschaft sind insbesondere die 1997 von der LAGA herausgegebenen Technischen Regeln „Anforderungen an die stoffliche Verwertung von mineralischen Reststoffen/Abfällen“ von Bedeutung.

In den bundesweit angewandten LAGA- Regeln sind die maximal zulässigen Schadstoff-Konzentrationen (→ Zuordnungswerte) für die Verwendung von Böden oder Bauschutt im Erd-, Straßen-, Landschafts- und Deponiebau sowie bei der Verfüllung von Baugruben und Rekultivierungsmaßnahmen festgelegt.

Latenzzeit

Unter Latenzzeit versteht man den Zeitraum, der zwischen der Einwirkung eines gesundheitsgefährlichen Stoffes auf den Menschen und dem Auftreten erster Krankheitssymptome liegt.

Latenzzeiten sind stoffabhängig und können Stunden (z. B. Cadmium) oder auch Jahre bis Jahrzehnte (z. B. Asbest) betragen.

Leichtflüchtige Halogenierte Kohlenwasserstoffe

Unter Leichtflüchtigen Halogenierten Kohlenwasserstoffe (LHKW) versteht man Kohlenwasserstoffe, bei denen ein oder mehrere Wasserstoffatome durch die Elemente Fluor, Chlor, Brom oder Iod (Halogene) ersetzt wurden.

Zu den bekanntesten Vertretern der LHKW gehören die Verbindungen Trichlorethen (Tri) sowie Tetrachlorethen (Per), die als Lösemittel insbesondere bei chemischen Reinigungen und Betrieben der Metallbearbeitung eingesetzt wurden.

Im Rahmen der Sanierung von → Altlasten treten LHKW oft als Kontaminanten der Umweltmedien Boden, Bodenluft und Grundwasser auf.

Die Sanierung LHKW-bedingter Umweltschäden ist insbesondere bei Grundwasser-Verunreinigungen oft langwierig und damit kostenintensiv.

Leitparameter

Unter Leitparametern versteht man chemische Verbindungen, bei deren Nachweis im Rahmen der Altlasten-Erkundung auf bestimmte Umweltbelastungen geschlossen werden kann.

So sind z. B. erhöhte Konzentrationen des Elementes Bor im Grundwasser ein Hinweis auf Ablagerungen von Hausmüll, erhöhte Sulfat-Werte hingegen deuten auf Bauschutt-Ablagerungen hin.

Darüber hinaus wird der Begriff Leitparameter in der Umwelt-Analytik zur Kennzeichnung des wichtigsten Einzelstoffes innerhalb einer Verbindungsklasse verwandt.

So ist die Verbindung Benzo-a-pyren zum Beispiel Leitparameter der Polyzyklischen Aromatischen Kohlenwasserstoffe (→ PAK), die Verbindung 2,3,7,8-Tetrachlor-dibenzo-paradioxin (TCDD) Leitparameter der → Dioxine.

Lipophile Kohlenwasserstoffe

Lipophile Kohlenwasserstoffe sind ein wichtiger Summenparameter bei der Untersuchung und Bewertung von Altlasten und altlastverdächtigen Grundstücken.

Bei der analytischen Bestimmung lipophiler Kohlenwasserstoffe nach DIN 38409-H 17 werden neben tierischen und pflanzlichen Fetten und Ölen auch Mineralöle und Mineralfette sowie verschiedene aromatische Kohlenwasserstoffe wie z. B. Toluol, Xylole, Phenole oder Naphthalin erfasst.

Maßnahmenwert

Unter Maßnahmenwert versteht das Bundes-Bodenschutzgesetz die Konzentration eines Schadstoffes im Boden, bei dessen Überschreitung unter Berücksichtigung der jeweiligen Bodennutzung in der Regel von einer schädlichen Bodenveränderung oder → Altlast auszugehen ist und Maßnahmen erforderlich sind (§ 8 BBodSchG).

Eine Überschreitung von Maßnahmenwerten begründet in der Regel die Pflicht des rechtlich Verantwortlichen (Sanierungspflichtiger) zur Schadenssanierung.

Die in der Bundes-Bodenschutz- und Altlastenverordnung aufgeführten Maßnahmenwerte sind abhängig von der Nutzung eines Grundstücks sowie den betroffenen Schutzgütern Mensch oder Pflanze.

1. Schutzgut Mensch

Stoff	Einheit	Kinder-spielflächen	Wohn-gebiete	Park- und Freizeit-anlagen	Industrie- und Gewerbe
Dioxine / Furane	ng I Teq / kg TM	100	1.000	1.000	10.000

I-Teq = Internationale Toxizitätsäquivalente

TM = Trockenmasse

2. Schutzgut Nutzpflanze

Stoff	Einheit	Ackerbau, Nutzgarten	Grünland
Arsen	mg / kg	-	50
Blei	mg / kg	0,1	1200
Cadmium	mg / kg	0,04 / 0,1 (1)	20
Kupfer	mg / kg	-	1300 (2)
Nickel	mg / kg	-	1900
Quecksilber	mg / kg	-	2
Thallium	mg / kg	-	15
PCB	mg / kg	-	0,2

1) Auf Flächen mit Brotweizenanbau oder Anbau stark Cadmium-anreichernder Gemüsearten gilt als Maßnahmenwert 0,04 mg / kg Trockenmasse, ansonsten gilt als Maßnahmenwert 0,1 mg/ kg Trockenmasse

2) Bei Grünlandnutzung durch Schafe gilt als Maßnahmenwert 200 mg / kg Trockenmasse

Militärische Altlasten

Unter militärischen Altlasten versteht man → Altlasten, die auf die militärische Nutzung einer Fläche nach dem 2. Weltkrieg zurückzuführen sind.

Militärische Altlasten finden sich auf Liegenschaften der Bundeswehr, der ehemaligen Nationalen Volksarmee (NVA), der NATO sowie der ehemaligen Westgruppe der sowjetischen Streitkräfte (WGT).

Die bei militärischen Altlasten im einzelnen vorliegenden Umweltschäden sind im Wesentlichen abhängig von der jeweiligen Nutzung der Liegenschaften als Kaserne, Schießplatz, Flugplatz oder als Wohnanlage.

Zu militärtypischen Schadstoffen zählen in erster Linie Mineralöl-Produkte (Treib- und Schmierstoffe), Chlorierte Kohlenwasserstoffe (CKW) aus chemischen Reinigungen sowie BTEX-Aromaten (Treibstoff-Zusatz, Lösemittel).

Bei der Umwandlung ehemaliger militärischer Liegenschaften in andere Nutzungsarten, wie z. B. Wohnbebauung ist zu beachten, dass sowohl Grundstücke als auch Bausubstanz noch vorhandener Gebäude zum Teil erheblich mit umweltrelevanten Schadstoffen belastet sein können, was zu erhöhten Kosten zur Sanierung schädlicher Bodenveränderungen (Altlasten) sowie zum Rückbau und Entsorgung der Abbruchmaterialien führt.

Mineralöl-Kohlenwasserstoffe

Mineralöl-Kohlenwasserstoffe (MKW) ist ein wichtiger Summenparameter bei der Untersuchung und Bewertung altlast-verdächtiger Grundstücke.

Kontaminationen durch MKW treten insbesondere bei Tankanlagen von Tankstellen, Flugplätzen oder Gewerbebetrieben auf.

Die von Mineralöl-Kohlenwasserstoffen ausgehenden Belastungen beschränken sich in der Regel nicht auf den Boden sondern betreffen häufig auch die Umweltmedien → Bodenluft und → Grundwasser.

Während MKW-kontaminierte Böden bei Bauvorhaben in der Regel zeitnah ausgekoffert – und dann außerhalb der Baustelle (off site) saniert oder deponiert werden – ist die Sanierung von Bodenluft- und Grundwasserschäden oft zeitintensiver, technisch aufwendiger und damit letztlich teurer.

Bei erkennbaren Umweltschäden durch Mineralöl-Kohlenwasserstoffe ist es für den Eigentümer des betroffenen Grundstücks ratsam, möglichst frühzeitig einen qualifizierten Fachgutachter hinzuzuziehen, um Folge-Kontaminationen und damit Sanierungskosten zu minimieren.

Mutagen

Als mutagen werden allgemein Faktoren bezeichnet, die bei Menschen oder Tieren zu Veränderungen des Erbgutes führen können.

In der Bauwirtschaft wird mit mutagenen Stoffen insbesondere bei → Arbeiten in kontaminierten Bereichen wie der Sanierung von Altlasten (Benzol) oder Gebäude-Schadstoffen (PAK) umgegangen.

Mineralwolle

Unter Mineralwollen versteht man Dämmstoffe aus künstlich hergestellten Stein- oder Glaswollen. Je nach Alter der Mineralwollen unterscheidet man sogenannte alte Mineralwollen (Herstellung vor 1996) und neue Mineralwollen (Herstellung ca. ab dem Jahr 2000).

Die von alten Mineralwollen freigesetzten → Faserstäube sind als krebserzeugend zu bewerten. Liegen keine Informationen über das Alter der Mineralwoll-Produkte vor ist gemäß TRGS 521 bei der Beurteilung von alten Mineralwollen auszugehen.

Wegen des Verwendungsverbotes für alte Mineralwollen dürfen auch ausgebaute Mineralwollen grundsätzlich nicht wieder eingebaut werden. Ausgenommen vom Verbot der Remontage sind lediglich im Rahmen von Instandhaltungsarbeiten demontierte Dämmstoffe, wenn hierbei keine oder nur eine geringe Faserexposition zu erwarten ist.

Der Umgang mit Mineralwollen (alt/neu) wird geregelt durch die Technischen Regeln für Gefahrstoffe TRGS 521/ TRGS 500.

Nachweisgrenze

Unter Nachweisgrenze versteht man in der Umwelt-Analytik die Schadstoff-Konzentration, ab der der zu untersuchende Stoff in Abhängigkeit des jeweiligen Analyseverfahrens gerade noch nachgewiesen wird.

Liegt der Schadstoffgehalt unterhalb der Nachweisgrenze der Analysemethode, gilt der betreffende Stoff als nicht nachgewiesen (n. n.).

Im Gegensatz zur Nachweisgrenze beschreibt die Bestimmungsgrenze diejenige Stoff-Konzentration, bei der der untersuchte Stoff in Abhängigkeit des Analyseverfahrens sicher und reproduzierbar erfasst wird.

Off site-Verfahren

Unter off site-Verfahren versteht man in der Altlastenpraxis alle Verfahren zur Behandlung kontaminierter Böden durch stationäre Sanierungsanlagen abseits des Anfallortes.

Typische Beispiele für off site-Verfahren sind die biologische oder thermische Bodensanierung oder die chemisch-physikalische → Bodenwäsche.

On site-Verfahren

Unter on site-Verfahren versteht man in der Altlastenpraxis alle Verfahren zur Behandlung kontaminierter Böden durch eine am Anfallort errichtete mobile oder semimobile Sanierungsanlage.

Typische Beispiele für on site-Verfahren sind die biologische Bodensanierung oder die chemisch-physikalische → Bodenwäsche.

Organische Verbindungen

Organische Verbindungen sind bis auf Ausnahmen (Kohlensäure, Karbonate, Karbide, Oxide) chemische Verbindungen mit dem Element Kohlenstoff.

In der Altlastenpraxis sind insbesondere die Kohlenwasserstoff-Verbindungen von Bedeutung. Typische Beispiele sind Umweltschäden durch Öl-, Benzin- oder Kerosinverunreinigungen (→ Mineralöl-Kohlenwasserstoffe) oder Kontaminationen durch den unsachgemäßen Betrieb chemischer Reinigungen (→ Chlorierte Kohlenwasserstoffe).

Organoleptische Prüfung

Unter einer organoleptischen Prüfung versteht man in der Altlastenpraxis die Begutachtung von Umwelt-Proben mit den Sinnesorganen.

Für die Bauwirtschaft ist insbesondere die organoleptische Prüfung von Bodenproben im Rahmen der Altlasten-Erkundung oder bei Auftreten bisher nicht bekannter Kontaminationen während der Erdarbeiten von Bedeutung.

Im Rahmen der organoleptischen Bodenansprache werden z. B. Farbe, Geruch und Homogenität von Bodenproben oder etwaige Fremdbestandteile wie Glas, Ziegel oder Schlacke ermittelt.

Aufgrund der organoleptischen Befunde können die zu untersuchenden Parameter für die anschließende chemische Analytik den jeweiligen Bodenverhältnissen angepasst werden.

Nach Vorlage der Analysenergebnisse dient die organoleptische Bodenansprache des Weiteren der gutachterlichen Auswertung in Form von Analogieschlüssen und Plausibilitätsprüfungen.

Orientierende Untersuchung

Bei einer Orientierenden Untersuchung handelt es sich um den zweiten Schritt bei der → Gefährdungsabschätzung altlast-verdächtiger Flächen.

Im Gegensatz zur beprobungslosen Historischen Erkundung werden bei Orientierenden Untersuchungen die Umweltmedien Boden, Bodenluft und Grundwasser an Stellen umweltkritischer Nutzung (Verdachtsflächen) durch Sondierungen, Probenahme und anschließende chemische Analytik untersucht.

Orientierende Untersuchungen dienen zur Klärung der Frage, ob bei einer altlastverdächtigen Fläche der hinreichende Verdacht einer schädlichen Bodenveränderung oder Altlast besteht.

Bei einer Bestätigung der Verdachtsmomente wird der genaue Umfang der Umwelt-Belastungen durch weitere, → Detaillierte Untersuchungen ermittelt.

Orientierende Untersuchungen sind für Grundstückseigentümer insbesondere dann zu empfehlen, wenn im Vorfeld eines geplanten Grundstücksverkaufs der Eintrag von Schadstoffen an Stellen umweltkritischer Nutzung und somit der Altlastenverdacht geklärt werden soll.

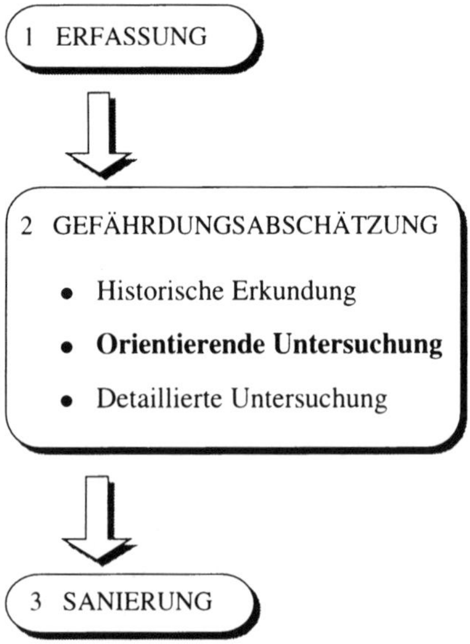

Orientierende Untersuchung

PAK

Polyzyklische Aromatische Kohlenwasserstoffe (PAK) ist eine Sammelbezeichnung für eine Gruppe von mehreren hundert kondensierten aromatischen Kohlenstoffverbindungen.

Wichtigster Vertreter und zugleich Leitparameter der PAK ist das krebserzeugende und erbgutverändernde → Benzo-a-pyren (BaP).

PAK entstehen bei der unvollständigen Verbrennung organischer Materialien wie Kraftstoffen, Öl oder Koks und sind durch die Emissionen von Autos, Flugzeugen oder Kraftwerken ubiquitär in der Umwelt vorhanden.

In der Umwelt-Analytik werden in der Regel die 16 am häufigsten vorkommenden PAK gemäß Empfehlungen der US-Umweltbundesbehörde (EPA) ermittelt.

In der Bauwirtschaft spielen PAK eine wichtige Rolle zum Beispiel bei der Sanierung von Altstandorten (Gaswerke, Kokereien), der Sanierung von Gebäuden (teerhaltige Parkettklebstoffe) oder zur Klärung des Entsorgungsweges für Straßenaufbruch (Unterscheidung von teerhaltigen und bituminösen Asphalten).

Die folgende Abbildung zeigt die 16 Einzelverbindungen der PAK nach EPA-Standard.

Polyzyklische Aromatische Kohlenwasserstoffe (PAK) nach EPA-Standard

- Anthracen
- Acenaphthen
- Acenaphthylen
- Benzanthracen
- Benzo(a) pyren
- Benzo(b) fluoranthen
- Benzo(k) fluoranthen
- Benzo(g,h,i) perylen
- Chrysen
- Dibenz(a,h) anthracen
- Fluoranthen
- Fluoren
- Indeno(1,2,3-c,d) pyren
- Naphthalin
- Phenanthren
- Pyren

PAK nach EPA-Standard

Parameter

Unter einem Parameter versteht man in der Umwelt-Analytik die zur Beurteilung einer → Kontamination zu untersuchende Größe.

Zu Parametern zählen nicht nur Einzelstoffe wie Arsen, Blei oder Zink und Stoffgruppen wie Mineralöle oder PCB sondern auch chemisch-physikalische Eigenschaften wie z. B. pH-Wert, Temperatur oder Raumfeuchte.

PCB

Polychlorierte Biphenyle (PCB) ist eine Sammelbezeichnung für eine Gruppe von insgesamt 209 chlorierten aromatischen Kohlenwasserstoffen.

Bei der chemischen Untersuchung PCB-belasteter Umweltproben werden in der Regel nur sechs, sogenannte Standard-Kongenere bestimmt und der PCB-Gesamtgehalt durch Multiplikation der Summenkonzentration mit dem Faktor 5 ermittelt.

In der Bauwirtschaft wurden PCB insbesondere als Kühl- und Isolierflüssigkeiten in Transformatoren und Kondensatoren (geschlossene Anwendungen) oder als Weichmacher in Fugendichtungsmassen sowie als Flammschutzmittel in Anstrichfarben (offene Systeme) eingesetzt.

Aufgrund dieser Anwendungen spielen PCB vor allem bei der Sanierung PCB-belasteter Gebäude aber auch bei der Entsorgung elektrischer Bauteile im Rahmen von Abbruch- und Renovierungsprojekten eine wichtige Rolle.

Rechtliche Grundlage für die PCB-Sanierung sind die als technische Baubestimmung eingeführten Richtlinien für die Bewertung und Sanierung PCB-belasteter Baustoffe und Bauteile in Gebäuden (→ PCB-Richtlinien).

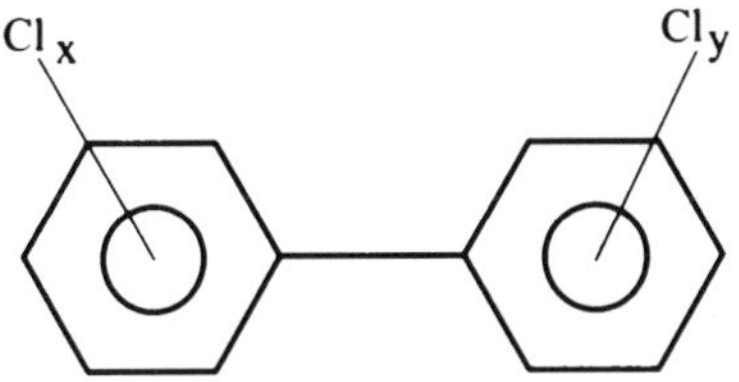

Polychlorierte Biphenyle (PCB)

PCB-Richtlinien

Die PCB-Richtlinien regeln als Technische Baubestimmung die Bewertung und Sanierung von Baustoffen und Bauteilen, die Polychlorierte Biphenyle (→ PCB) enthalten.

Zur Bewertung der Notwendigkeit einer Sanierung von Innenräumen, die zum dauerhaften Aufenthalt bestimmt sind, sehen die PCB-Richtlinien ein stufenweises Vorgehen auf Grundlage vorheriger Raumluftmessungen vor.

Je nach Höhe der PCB-Raumluft-Konzentration ist die Dringlichkeit einer PCB-Sanierung wie folgt zu bewerten:

Dringlichkeitsstufe I:	PCB-Raumluftkonzentration: > 3000 ng/cbm Maßnahmen unverzüglich erforderlich,
Dringlichkeitsstufe II:	PCB-Raumluftkonzentration: 300–3000 ng/cbm Maßnahmen mittelfristig erforderlich,
Dringlichkeitsstufe III:	PCB-Raumluftkonzentration: < 300 ng/cbm Maßnahmen langfristig erforderlich.

Neben der Bewertung der Sanierungsdringlichkeit regeln die PCB-Richtlinien des Weiteren die Grundsätze der einzelnen Sanierungsverfahren, welche Maßnahmen zum Arbeitsschutz der Beschäftigten sowie zur Entsorgung von Abfällen und Abwasser hierbei zu beachten sind und wie der Erfolg einer PCB-Sanierung nachgewiesen werden kann.

Die folgende Abbildung zeigt die beim Auftreten PCB-haltiger Bauprodukte gemäß PCB-Richtlinien empfohlene Vorgehensweise.

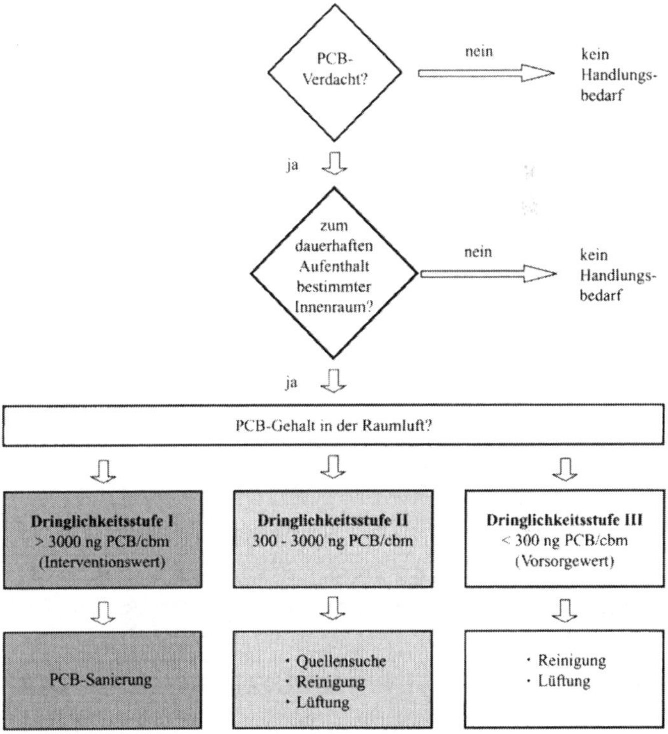

Bewertung von PCB-Produkten

pH-Wert

Der pH-Wert, definiert als negativer dekadischer Logarithmus der Hydroxid-Ionenkonzentration, gibt als dimensionslose Kennzahl an, wie sauer oder alkalisch eine wässrige Lösung ist.

Der Messbereich reicht von pH = 0 (saure Lösung) über pH = 7 (neutrale Lösung) bis zu pH = 14 (alkalisch Lösung).

Die Bestimmung des pH-Wertes ist für die Bauwirtschaft insbesondere dann von Bedeutung, wenn es im Rahmen der Altlasten-Erkundung um die Beurteilung der Mobilisierbarkeit von Bodenschadstoffen geht.

Prüfwert

Konzentration eines Schadstoffes im Boden oder im Grundwasser, bei dessen Überschreiten unter Berücksichtigung der Bodennutzung eine einzelfallbezogene Prüfung durchzuführen und festzustellen ist, ob eine → schädliche Bodenveränderung oder → Altlast vorliegt (§ 8 BBodSchG).

Werden Prüfwerte, bezogen auf ein bestimmtes Schutzgut unter Berücksichtigung der bestehenden oder geplanten Nutzung unterschritten, so gilt der Verdacht einer schädlichen Bodenveränderung oder Altlast in der Regel als ausgeräumt.

Die Bundesbodenschutz- und Altlastenverordnung unterscheidet nutzungsabhängige Prüfwerte für die Schutzgüter Mensch, Nutzpflanze und Grundwasser:

Schadstoff	Einheit	Kinder-spielflächen	Wohn-gebiete	Park- und Freizeit-anlagen	Industrie- und Gewerbe
Arsen	mg / kg	25	50	125	140
Blei	mg / kg	200	400	1000	2000
Cadmium	mg / kg	10 (1)	20 (1)	50	60
Cyanide	mg / kg	50	50	50	100
Chrom	mg / kg	200	400	1000	1000
Nickel	mg / kg	70	140	350	900
Quecksilber	mg / kg	10	20	50	80
Aldrin	mg / kg	2	4	10	-
Benzo-a-pyren	mg / kg	2	4	10	12
DDT	mg / kg	40	80	200	-
Hexachlor-benzol	mg / kg	4	8	20	200
Hexachlor-cyclohexan	mg / kg	5	10	25	400
Pentachlor-phenol	mg / kg	50	100	250	250
Polychlorierte Biphenyle (2)	mg / kg	0,4	0,8	2	40

Prüfwerte Bundes-Bodenschutz- und Altlastenverordnung Schutzgut Mensch

1) In Haus- und Kleingärten, die sowohl als Aufenthaltsbereiche für Kinder als auch für den Anbauvon Nahrungspflanzen genutzt werden, ist für Cadmium der Wert von 2,0 mg/ kg TM anzuwenden

2) Soweit PCB-Gesamtgehalte bestimmt werden, sind die ermittelten Meßwerte durch den Faktor 5 zu dividieren

Prüfwerte a

Schadstoff	Einheit	Ackerbau, Nutzgarten
Arsen	mg / kg	200 (1)
Cadmium	mg / kg	-
Blei	mg / kg	0,1
Quecksilber	mg / kg	5
Thallium	mg / kg	0,1
Benzo-a-pyren	mg / kg	1

Prüfwerte Bundes-Bodenschutz- und Altlastenverordnung Schutzgut Nutzpflanze

1) Bei Böden mit zeitweise reduzierenden Verhältnissen gilt ein Prüfwert von 50 mg / kg

Prüfwerte b

Prüfwerte Bundes-Bodenschutz- und Altlastenverordnung Schutzgut Grundwasser

Anorganische Stoffe

Stoff	Prüfwert (µg /L)
Antimon	10
Arsen	10
Blei	25
Cadmium	5
Chrom, gesamt	50
Chromat	8
Kobalt	50
Kupfer	50
Molybdän	50
Nickel	50
Quecksilber	1
Selen	10
Zink	500
Zinn	40
Cyanid, gesamt	50
Cyanid,leicht freisetzbar	10
Fluorid	750

Organische Stoffe

Stoff	Prüfwert (µg /L)
MKW (1)	200
BTEX (2)	20
Benzol	1
LHKW (3)	10
Aldrin	0,1
DDT	0,1
Phenole	20
PCB, gesamt (4)	0,05
PAK, gesamt (5)	0.20
Naphthalin	2

Prüfwerte c

Raumluft-Messung

Raumluftmessungen dienen der umwelthygienischen Beurteilung der Luft in Innenräumen.

Im Bereich der Bauwirtschaft werden Raumluftmessungen insbesondere im Rahmen der Sanierung von → Gebäude-Schadstoffen eingesetzt.

So dient z. B.: die Bestimmung des PCB-Gehaltes in der Raumluft zur Feststellung des Sanierungsbedarfs, die Messung der Asbestfaser-Konzentration zum Nachweis des Erfolgs einer Sanierungsmaßnahme.

Ziel einer Raumluftmessung, Anzahl und Anordnung der Messpunkte sowie eine eventuell durchzuführende Nutzungssimulation werden im Rahmen einer vorherigen Messplanung durch sachverständige Gutachter festgelegt.

Recycling

Unter Recycling versteht man die Aufbereitung eines → Abfalls und seine anschließende Rückführung in den Wirtschaftskreislauf als Sekundär-Rohstoff.

Ziele des Recyclings sind die Verringerung von Abfallmengen sowie die Schonung der natürlichen Ressourcen.

Im Rahmen von Bauvorhaben werden insbesondere die mineralischen Massenabfälle Bauschutt und Straßenaufbruch aber auch Bau- und Abbruchholz aufbereitet und als Recycling-Baustoffe eingesetzt.

Voraussetzung für das Recycling von Baustoffen ist neben der bautechnischen Eignung der RC-Materialien grundsätzlich die Einhaltung gesetzlich vorgegebener Schadstoff-Konzentrationen.

Rüstungsaltlasten

Unter Rüstungsaltlasten versteht man → Altlasten, die im Rahmen der Erprobung, Herstellung, Lagerung, Verwendung oder Vernichtung chemischer Kampfmittel vor oder während der beiden Weltkriege entstanden sind.

Zu chemischen Kampfmitteln zählen insbesondere Sprengstoffe, Brand-, Nebel- und Rauchstoffe, chemische Kampf- und Reizstoffe, Treibmittel, produktionsbedingte Vor-, Neben-, Zwischen- und Abfallprodukte sowie Rückstände aus deren Vernichtung.

Typische Verdachtsstandorte für Rüstungsaltlasten sind ehemalige Produktionsstätten, Munitionslagerstätten, Entschärfungsstellen, Spreng- und Schießplätze, Delaborierungswerke sowie Zwischen- und Endlager für chemische Kampfmittel.

Sanierung

Unter Sanierung versteht man in der Umwelttechnik die Anwendung technischer Verfahren zur Beseitigung oder Minderung von Schadstoff-Belastungen mit dem primären Ziel Gefahren für Leben und Gesundheit von Menschen abzuwenden.

Im Rahmen der Altlasten-Sanierung werden die Umweltmedien Boden, Bodenluft oder Grundwasser von Umwelt-Schadstoffen wie z. B. Mineralölen, bei der Sanierung von Gebäuden Bauschadstoffe wie z. B. Asbest oder PCB saniert.

Sanierungsbedarf besteht grundsätzlich immer dann, wenn gesetzlich vorgegebene Grenzwerte in Form maximal zulässiger Schadstoff-Konzentrationen nachweislich überschritten werden.

Vor Durchführung umfangreicher Sanierungsmaßnahmen erstellen Fachgutachter einzelfallbezogene Sanierungskonzepte, in denen für verschiedene Sanierungsvarianten insbesondere das Verhältnis von Aufwand zu Nutzen dargestellt wird.

Sanierungsverlauf und abschließender Erfolg von Sanierungsmaßnahmen müssen vom → Sanierungspflichtigen gegenüber der zuständigen Behörde dokumentiert werden.

Sanierung

Sanierungspflichtiger

Der Sanierungspflichtige ist die zur Sanierung einer → Altlast sowie einer hierdurch verursachten Gewässer-Verunreinigung rechtlich verantwortliche natürliche oder juristische Person.

Der Kreis der Sanierungspflichtigen erstreckt sich gemäß Bundes-Bodenschutzgesetz (§ 4 BBodSchG) auf verschiedene Personengruppen.

Zur Sanierung einer Altlast verpflichtet sind als sogenannte Handlungsstörer zunächst der Verursacher einer schädlichen Bodenveränderung oder Altlast sowie dessen Gesamtrechtsnachfolger.

Sanierungspflichtig sind des Weiteren der Grundstückseigentümer sowie der Inhaber der tatsächlichen Sachgewalt (Grundstücksbesitzer) in ihrer Eigenschaft als Zustandsstörer.

Zur Sanierung verpflichtet ist auch, wer aus handelrechtlichem oder gesellschaftsrechtlichem Rechtsgrund für eine juristische Person einzustehen hat, der ein Grundstück, das mit einer schädlichen Bodenveränderung oder Altlast belastet ist, gehört, und wer das Eigentum an einem solchen Grundstück aufgibt.

Letztlich kann auch der frühere Eigentümer eines Grundstück zur Sanierung einer Altlast verpflichtet werden, wenn er sein Eigentum nach dem 1. März 1999 übertragen hat und die schädliche Bodenveränderung oder Altlast hierbei kannte oder kennen musste.

Auch Unternehmen, die als Treuhänder Sanierungsmaßnahmen durchführen sind in ihrer Eigenschaft als Grundstückseigentümer sanierungs- und damit voll kostenpflichtig.

Kommen mehrere Verantwortliche als Sanierungspflichtige in Betracht, bedarf es einer Ermessensentscheidung der zuständigen Behörde.

Bei der Auswahl des oder der Sanierungspflichtigen spielen Kriterien wie die Sicherstellung einer effektiven Gefahrenabwehr, die persönliche und sachliche Nähe des Verantwortlichen, sein Anteil an der Gefahrenverursachung sowie die wirtschaftliche Leistungsfähigkeit des Sanierungspflichtigen eine wichtige Rolle.

Sanierungsplan

In einem Sanierungsplan werden die zur Sanierung einer Altlast im Einzelfall vorgesehenen technischen Maßnahmen zusammenfassend dargestellt.

Hierbei kann die zuständige Altlastenbehörde von einem → Sanierungspflichtigen unter bestimmten Voraussetzungen die Vorlage eines Sanierungsplans verlangen.

Die ist der Fall bei Altlasten, bei denen wegen der Verschiedenartigkeit der erforderlichen Maßnahmen ein abgestimmtes Vorgehen notwendig ist oder von denen aufgrund der Art, Ausbreitung oder Menge der Schadstoffe in besonderem Maße → schädliche Bodenveränderungen oder sonstige Gefahren für den Einzelnen oder die Allgemeinheit ausgehen.

Die Erstellung eines Sanierungsplans ist nicht erforderlich, wenn die von einer Altlast ausgehenden Gefahren, erheblichen Nachteile oder erhebliche Belästigungen mit einfachen Mitteln abgewehrt oder auf sonstige Art und Weise (z. B. durch natürlichen Rückhalt oder Abbau von Schadstoffen) beseitigt werden können.

Inhalt eines Sanierungsplans

1 Einleitung

2 Standort-Beschreibung
- Lage
- Geologie / Hydrogeologie
- Historische und zukünftige Nutzung

3 Kontamination der Umweltmedien
- Schadstoffe
- Wirkungspfade
- Schutzgüter

4 Sanierungskonzept
- Sanierungsziel
- Sanierungsverfahren
- Sanierungsüberwachung

5 Arbeits- und Immissionsschutz

6 Zeitplan / Kosten

7 Öffentlichkeitsbeteiligung

8 Zusammenfassung

Sanierungsplan

Sanierungsuntersuchung

Unter Sanierungsuntersuchungen versteht man umwelttechnische Untersuchungen zur Entscheidung über Art und Umfang der zur Sanierung einer Altlast geeigneten, erforderlichen und angemessenen Maßnahmen.

Sanierungsuntersuchungen können von der zuständigen Altlastenbehörde gegenüber dem → Sanierungspflichtigen angeordnet werden, bei Altlasten, bei denen wegen der Verschiedenartigkeit der erforderlichen Maßnahmen ein abgestimmtes Vorgehen notwendig ist oder von denen aufgrund der Art, Ausbreitung oder Menge der Schadstoffe in besonderem Maße schädliche Bodenveränderungen oder sonstige Gefahren für den Einzelnen oder die Allgemeinheit ausgehen.

Sanierungsuntersuchungen sind nicht erforderlich, wenn die von einer Altlast ausgehenden Gefahren, erheblichen Nachteile oder erhebliche Belästigungen mit einfachen Mitteln abgewehrt oder auf sonstige Art und Weise (z. B. durch natürlichen Rückhalt oder Abbau von Schadstoffen) beseitigt werden können.

Schadstoff

Unter Schadstoffen versteht man allgemein Stoffe, die aufgrund ihrer chemisch-physikalischen Eigenschaften in der Lage sind insbesondere die menschliche Gesundheit sowie andere Schutzgüter wie z. B. Tiere, Pflanzen, Boden oder Gewässer zu schädigen.

Die Bauwirtschaft wird mit einem breiten Spektrum von Schadstoffen vor allem bei → Arbeiten in kontaminierten Bereichen konfrontiert. Hierzu zählen beispielsweise die Schadstoffe Asbest, PAK, PCB (Gebäude-Sanierungen) oder BTEX, CKW, Dioxine, Schwermetalle (Altlastensanierung).

Im Rahmen von Sanierungs- oder Abbruchtätigkeiten erfordert der Umgang mit Schadstoffen (Gefahrstoffen) besondere Maßnahmen bei Arbeitsschutz sowie der Schadstoff-Entsorgung.

Schädliche Bodenveränderung

Unter schädlichen Bodenveränderungen versteht man Beeinträchtigungen der Bodenfunktionen, die geeignet sind, Gefahren, erhebliche Nachteile oder erhebliche Belästigungen für den Einzelnen oder die Allgemeinheit herbeizuführen (§ 2 BBodschG).

Von einer schädlichen Bodenveränderung ist in der Regel auszugehen, wenn die → Vorsorgewerte der Bundes-Bodenschutz- und Altlastenverordnung überschritten werden.

Gehen schädliche Bodenveränderungen von Abfallbeseitigungsanlagen oder Industriegeländen aus, so handelt es sich um Altlasten im Sinne des Bundes-Bodenschutzgesetzes.

Eine schädliche Bodenveränderung besteht bei Böden mit naturbedingt erhöhten (geogenen) Schadstoffgehalten nicht allein aufgrund dieser Gehalte, sondern nur dann, wenn die Schadstoffe durch Einwirkungen auf den Boden, z. B. im Rahmen von Baumaßnahmen in erheblichem Umfang freigesetzt wurden oder werden.

Schädliche Verunreinigung

Unter schädlich verunreinigten Abfällen versteht man → Abfälle mit besonders hohen Schadstoff-Konzentrationen.

Die Entsorgung schädlich verunreinigter Abfälle ist besonders überwachungsbedürftig.

Zu schädlich verunreinigten Bauabfällen zählen z. B. schwach gebundene Asbest-Produkte, besonders belastete Althölzer oder Bauschutt und Erdaushub mit schädlichen Verunreinigungen.

Schutz- und Beschränkungsmaßnahmen

Schutz- und Beschränkungsmaßnahmen dienen dazu die von → Altlasten ausgehenden Gefahren, erhebliche Nachteile oder erhebliche Belästigungen für den Einzelnen oder die Allgemeinheit zu verhindern oder zu vermindern (§ 2 BBodschG).

Zu Schutz- und Beschränkungsmaßnahmen zählen insbesondere Nutzungsbeschränkungen wie die Verhinderung des Zutritts, die Einschränkung bestimmter baulicher Nutzungen oder das Verbot der Gewinnung von Trink- oder Brauchwasser.

Schutz- und Beschränkungsmaßnahmen werden eingesetzt als zeitlich befristete Sofortmaßnahme zur Gefahrenabwehr aber auch als dauerhafte Maßnahme, bei fehlender Verhältnismäßigkeit oder geringen Erfolgsaussichten anderer Sanierungsverfahren.

Schwarzbereich

Unter einem Schwarzbereich versteht man den bei Arbeiten in kontaminierten Bereichen durch Schadstoffe verunreinigten Bereich.

Der Schwarzbereich (Sanierungsbereich) ist vom öffentlichen, nicht kontaminierten Bereich („Weißbereich") in der Regel durch spezielle Schleusen getrennt, so dass keine Verschleppung der jeweiligen Schadstoffe stattfinden kann.

Der Zutritt zum Schwarzbereich ist grundsätzlich nur autorisierten Personen unter entsprechenden Arbeitsschutzbedingungen (u. a. Schutzanzüge, Atemschutz) sowie nach vorheriger → arbeitsmedizinischer Vorsorgeuntersuchung gestattet.

Schwarz-Weiß-Anlage

Bei Arbeiten in kontaminierten Bereichen bildet eine Schwarz-Weiß-Anlage die Schnittstelle zwischen dem Sanierungsbereich (Schwarzbereich) und dem öffentlichen Bereich (Weißbereich).

Eine Schwarz-Weiß-Anlage ermöglicht das räumlich getrennte Ablegen, Aufbewahren und Wiederanlegen von Straßen- und Arbeitskleidung und enthält die erforderlichen sanitären Einrichtungen (Waschbecken, Dusche, Toiletten) für die Sanierungsfachkräfte. Die folgende Abbildung zeigt den Aufbau einer Schwarz-Weiß-Anlage.

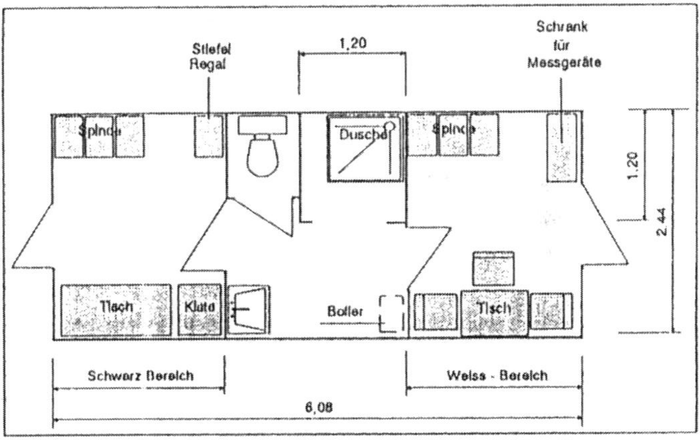

Schwarz-Weiß-Anlage (Burmeier, Dreschmann)

Schwermetalle

Unter Schwermetallen versteht man alle Metalle mit einer Dichte größer 5 g/ccm.

Schwermetalle sind für den Menschen teils lebensnotwendige Spurenelemente (z. B. Kupfer, Zink oder Mangan), teils toxische Umwelt-Schadstoffe (z. B. Quecksilber, Blei oder Cadmium).

Für die Bauwirtschaft sind Schwermetalle vor allem als Schadstoffe der → Auffüllung von Bedeutung von Bedeutung, wo sie im Rahmen der Erdarbeiten zu erhöhten Entsorgungskosten führen.

Neben Kontaminationen des Baugrunds verunreinigten Schwermetalle oft auch die Bausubsubstanz insbesondere gewerblich oder industriell genutzter Standorte wie z. B. Gießereien oder Metallhütten und bedingen damit einerseits erhöhte Anforderungen an den Arbeitsschutz beim Gebäude-Rückbau sowie andererseits erhöhte Kosten zur Entsorgung kontaminierter Abbruchmaterialien.

Selektiver Rückbau

Unter selektivem Rückbau versteht man die sachgerechte Demontage von Bauwerken oder Bauwerksteilen in verschiedenen, vorab geplanten Demontagestufen verbunden mit der Separation und getrennten Entsorgung der hierbei anfallenden Abfälle.

Der selektive Rückbau insbesondere gewerblich oder industriell genutzter Gebäude dient neben der gesetzlich vorgeschriebenen Abfalltrennung der Beseitigung nachgewiesener Bauwerksbelastungen, wie z. B. ölkontaminierter Hallenböden oder der Sanierung von Bauschadstoffen wie Asbest, PCB, Schwermetallen oder Dioxinen.

Die Separation und getrennte Entsorgung unbelasteter, belasteter und verunreinigter Baustoffe führt für den Bauherrn/Investor in der Regel zu erheblichen Einsparungen bei den Abbruchkosten.

Die folgende Abbildung gibt einen Überblick über den Ablauf selektiver Rückbauvorhaben.

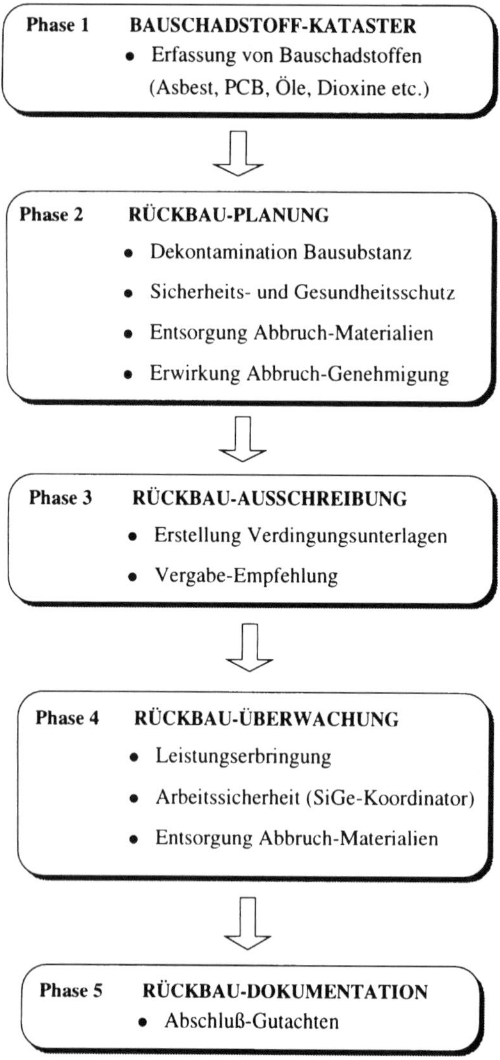

Rückbau-Planung

Sicherheits- und Gesundheitsschutz-Koordinator

Ein Sicherheits- und Gesundheitsschutz-Koordinator, kurz SiGe-Koordinator ist die gemäß → Baustellenverordnung für Sicherheit und Gesundheitsschutz auf Baustellen verantwortliche Person.

Die Stellung eines SiGe-Koordinators ist immer dann erforderlich, wenn auf Baustellen Beschäftige mehrerer Arbeitgeber tätig sind.

Die Aufgaben des Koordinators bestehen in der Planungsphase im Wesentlichen in der Erstellung eines Sicherheits- und Gesundheitsschutzplans (SiGe-Plan) sowie in der koordinierenden Überwachung von Sicherheit und Gesundheitsschutz während der Ausführung eines Bauvorhabens.

Die Aufgaben des Koordinators können durch den Bauherrn selbst oder durch einen von ihm beauftragten Dritten wahrgenommen werden.

Sicherheits- und Gesundheitsschutzplan

In einem Sicherheits- und Gesundheitsschutzplan (SiGe-Plan) werden in der Planungsphase eines Bauvorhabens auf Basis einer Gefährdungsanalyse die organisatorischen, technischen und persönlichen Maßnahmen zum Arbeitsschutz der Beschäftigten festgelegt.

Die Erstellung eines SiGe-Plans ist gemäß → Baustellenverordnung vom 10. Juni 1998 erforderlich, wenn:

a) Baustellen eine bestimmte Größe überschreiten (Dauer mehr als 30 Arbeitstage und über 20 Beschäftigte oder Umfang der Baumaßnahmen größer 500 Manntage) oder
b) besonders gefährliche Arbeiten, wie z. B. Sanierung von Altlasten oder Gebäudeschadstoffen durchgeführt werden sollen.

Sicherheits- und Gesundheitsschutzpläne werden von Fachgutachtern, sogenannten SiGe-Koordinatoren, erstellt und sind der zuständigen Arbeitsschutzbehörde vorzulegen.

Sicherung

Im Rahmen der Altlastensanierung verhindern oder vermindern Sicherungsmaßnahmen die langfristige Ausbreitung von Schadstoffen, ohne die Schadstoffe selbst zu beseitigen.

Sicherungsmaßnahmen sind zur Sanierung einer Altlast nur zulässig, wenn sie gewährleisten, dass durch die im Boden oder der Altlast verbleibenden Schadstoffe dauerhaft keine Gefahren, erheblichen Nachteile oder erhebliche Belästigungen für den Einzelnen oder die Allgemeinheit entstehen.

Beispiele für Sicherungsmaßnahmen sind die Abdichtung, Einkapselung oder → Immobilisierung von Altlasten. Aber auch die Abdeckung schädlich veränderter Böden oder Altlasten mit geeigneten Bodenschichten oder eine Versiegelung können als Sicherungsmaßnahmen in Betracht kommen.

Bei der Sanierung von Altlasten sollte der Sanierungspflichtige grundsätzlich immer prüfen, ob Sicherungsmaßnahmen oder die Entfernung der Schadstoffe durch → Dekontamination die langfristig kostenoptimale Sanierungsstrategie darstellen.

Sick building syndrome

Unter dem Begriff Sick Building Syndrome (Gebäude-Krankheit) werden verschiedene Krankheitsbilder von Gebäudenutzern wie z. B. Reizung von Augen, Nasen und oberen Atemwegen, Ermüdungserscheinungen, Kopfschmerzen, Übelkeit, Schwindelgefühl oder eine erhöhte Häufigkeit von Husten oder Atemwegsinfektionen zusammengefasst.

Von der Gebäudekrankheit betroffen sind insbesondere Büroangestellte, die in klimatisierten Räumen arbeiten.

Neben biologischen Faktoren wie Bakterien und Pilzen aus raumlufttechnischen Anlagen können auch physikalische Faktoren wie Temperatur, Raumfeuchte und Beleuchtung, chemische Belastungen der Raumluft durch Ausdünstungen von Reinigungsmitteln, Möbeln oder Tabakrauch sowie psychische Belastungen wie Stress oder Bildschirmarbeit zur Auslösung oder Verstärkung des Sick Building Syndroms beitragen.

Die Schwierigkeiten bei der Diagnose der Gebäude-Krankheit resultieren aus der Vielzahl möglicher Krankheitsursachen, den komplexen Wirkungsmechanismen der beteiligten Schadstoffe („Schadstoff-Cocktail“) sowie nicht zuletzt der unterschiedlichen Sensibilität und Belastbarkeit der Betroffenen.

Sickerwasserprognose

Sickerwasserprognosen dienen der Abschätzung der von → Altlasten oder altlastverdächtigen Flächen ausgehenden Schadstoffeinträge über das Sickerwasser in das Grundwasser.

Mögliche Verfahren zur Sickerwasserprognose sind die Anwendung von Stofftransport-Modellen, die Durchführung von Labor- oder in situ-Untersuchungen oder der Rückschluss aus Abstrommessungen.

SiGe-Koordinator

→ Sicherheits- und Gesundheitsschutz-Koordinator

SiGe-Plan

→ Sicherheits- und Gesundheitsschutz-Plan

Sonderabfall

Der Begriff Sonderabfall ist rechtlich nicht definiert. Umgangssprachlich bezeichnen die Begriffe Sonderabfall bzw. Sondermüll Abfälle mit einem besonders großen Gefährdungspotenzial für Mensch und/oder Umwelt.

In der Abfallwirtschaft wird der Begriff Sonderabfall oft für Abfälle verwandt, die nach Art, Menge oder Beschaffenheit in besonderem Maße gesundheits-, luft- oder wassergefährdend, explosibel oder brennbar sind oder Erreger übertragbarer Krankheiten enthalten oder hervorbringen können und die daher auch als → gefährliche Abfälle bezeichnet werden.

Sonderabfälle können nicht zusammen mit Hausabfällen auf einer Hausmülldeponie abgelagert werden sondern bedürfen einer gesonderten Entsorgung auf speziellen Sonderabfalldeponien (SAD) oder in Sonderabfall-Verbrennungsanlagen (SAV).

Bei den im Rahmen von Bauprojekten anfallenden Sonderabfällen handelt es beispielsweise um Asbestprodukte, PCB-haltige Abfälle, mit Holzschutzmitteln behandeltes Abbruchholz oder stark öl-kontaminierten Erdaushub.

Strippung

Unter Strippung versteht man in der Verfahrenstechnik die Überführung eines gelösten Stoffes aus der flüssigen Phase in die Gasphase.

Für die Bauwirtschaft sind Stripp-Verfahren insbesondere im Rahmen der Sanierung altlastbedingter Grundwasserschäden von Bedeutung.

Der Einsatz von Strippverfahren ist auf leichtflüchtige Schadstoffe wie z. B. BTEX-Aromaten oder LHKW beschränkt und daher nicht bei allen Kontaminanten erfolgreich anwendbar.

Die Sanierung von Grundwasserschäden durch Strippung erfolgt entweder durch Einblasen von Druckluft in den kontaminierten Grundwasserleiter (in situ-Strippung) oder mit Hilfe sogenannter Stripptürme, bei denen die Druckluft in Füllkörperkolonnen im Gegenstrom zum geförderten, kontaminierten Grundwasser geführt wird.

Die im Rahmen der in situ-Strippung anfallende schadstoffbelastete Bodenluft wird abgesaugt (→ Bodenluft-Sanierung) und wie die Abluft der Strippkolonne anschließend durch verschiedene Verfahren wie z. B. durch Adsorption an Aktivkohle gereinigt.

Die folgende Abbildung zeigt die Prinzipskizze einer Grundwassersanierung durch in situ-Strippung.

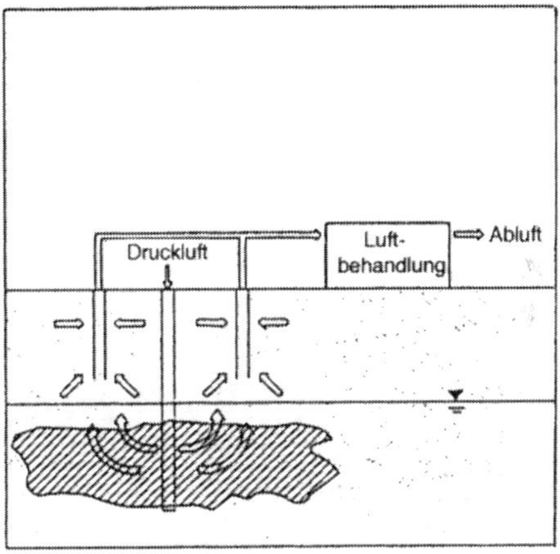

In situ-Strippung

Technische Regel für Gefahrstoffe

Technische Regeln für Gefahrstoffe (TRGS) legen fest, welche sicherheitstechnischen, arbeitsmedizinischen, hygienischen sowie arbeitswissenschaftlichen Anforderungen beim Inverkehrbringen und Umgang mit → Gefahrstoffen zu beachten sind.

Die TRGS werden vom Ausschuss für Gefahrstoffe (AGS) des Bundesministers für Arbeit und Soziales (BMAS) aufgestellt und von ihm dem Stand von Wissenschaft und Technik angepasst.

Für die Bauwirtschaft sind die Technischen Regeln für Gefahrstoffe insbesondere bei → Arbeiten in kontaminierten Bereichen, wie der Sanierung von Altlasten oder Gebäude-Schadstoffen von Bedeutung.

Die Einhaltung der TRGS-Bestimmungen auf Sanierungsbaustellen wird von den zuständigen Ämtern für Arbeitsschutz überwacht.

Die folgende Abbildung gibt einen Überblick über in der Bauwirtschaft wichtigen technischen Regeln für Gefahrstoffe.

	Technische Regel für Gefahrstoffe (TRGS)
TRGS 400	Gefährdungsbeurteilung für Tätigkeiten mit Gefahrstoffen
TRGS 500	Schutzmaßnahmen
TRGS 519	Asbest : Abbruch-, Sanierungs- oder Instandhaltungsarbeiten
TRGS 521	Abbruch-, Sanierungs- und Instandhaltungsarbeiten mit alter Mineralwolle
TRGS 524	Schutzmaßnahmen bei Tätigkeiten in kontaminierten Bereichen
TRGS 555	Betriebsanweisung und Information der Beschäftigten
TRGS 800	Brandschutzmaßnahmen
TRGS 900	Arbeitsplatz-Grenzwerte
TRGS 905	Verzeichnis krebserzeugender, erbgutverändernder oder fortpflanzungsgefährdender Stoffe

Technische Regeln für Gefahrstoffe (TRGS)

Tetrachlorethen

Tetrachlorethen (Perchlorethen, Per) gehört zur Verbindungsklasse der → Leichtflüchtigen Halogenierten Kohlenwasserstoffe (LHKW) und wurde überwiegend als technisches Lösemittel zur Reinigung und Entfettung eingesetzt.

Für Tetrachlorethen besteht der begründete Verdacht auf krebserzeugendes Potenzial.

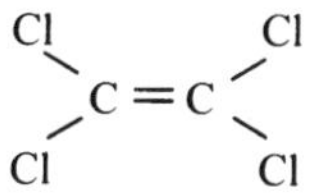

Tetrachlorethen (Per)

Aufgrund seiner chemisch-physikalischen Eigenschaften (geringe Viskosität, hohe Flüchtigkeit) führte der unsachgemäße Umgang mit Tetrachlorethen neben Kontaminationen des Bodens oft auch zu Verunreinigungen der Umweltmedien Bodenluft und Grundwasser.

Für die Bauwirtschaft ist Tetrachlorethen insbesondere als Schadstoff bei der Sanierung von → Altlasten wie chemischen Reinigungen oder Betrieben der Metallverarbeitung von Bedeutung.

Thermische Bodensanierung

Unter thermischer Bodensanierung versteht man zusammenfassend alle Verfahren zur Sanierung kontaminierter Böden durch Zufuhr hoher Temperaturen.

Die thermische Bodensanierung wird insbesondere zur Sanierung von Altlasten aber auch zur Reinigung kontaminierter, im Rahmen von Bauvorhaben anfallender Böden, eingesetzt.

Die Sanierung verunreinigter Böden durch thermische Verfahren erfolgt in der Regel in stationären Bodenreinigungszentren abseits des Anfallortes (off site).

Thermische Bodensanierungsverfahren sind auf flüchtige organische Schadstoffe, wie z. B. Lösungsmittel oder Kohlenwasserstoffe wie BTEX-Aromaten, PAK, PCB oder Dioxine beschränkt und daher nicht bei allen Boden-Schadstoffen erfolgreich anwendbar.

Die thermische Bodensanierung erfolgt in drei Verfahrensschritten.

Zunächst wird der zu sanierende Boden durch Sieb – und Brechaggregate mechanisch aufbereitet. Im zweiten Verfahrensschritt erfolgt die Erhitzung der verunreinigten Bodenmassen auf Temperaturen von ca. 500 bis 1200 Grad Celsius und damit die Überführung der flüchtigen Schadstoffe in die Gasform. Im dritten Schritt schließlich wird das schadstoffbeladene Abgas durch verschiedene Verfahren der Abgasreinigung (Nachverbrennung, Kondensation oder Rauchgasreinigung) abgereinigt.

Der schadstofffreie, biologisch tote Boden kann zur angestrebten Wiederverwendung durch Zufuhr von organischen Material aufbereitet werden.

Die Reststoffe aus der Abluftbehandlung (Filterstäube) werden einer separaten Entsorgung zugeführt.

Die folgende Abbildung zeigt die Verfahrenstechnik der thermischen Bodensanierung in schematischer Form.

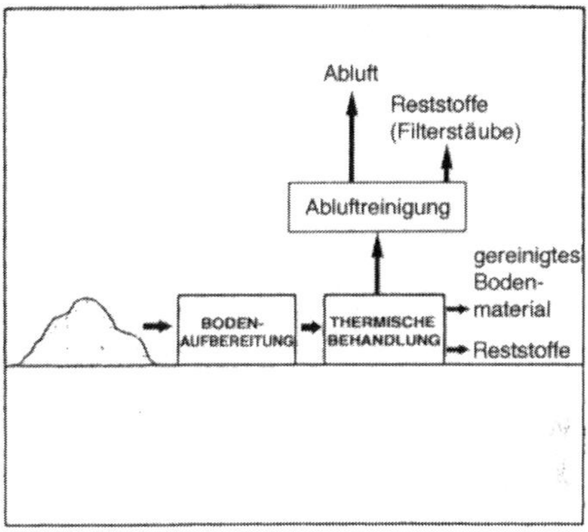

Thermische Bodensanierung

TNT

Trinitrotoluol (TNT) gehört zur Verbindungsklasse der → aromatischen Kohlenwasserstoffe und ist der bedeutendste für zivile und militärische Zwecke eingesetzte Sprengstoff.

Für TNT besteht der begründete Verdacht auf krebserzeugendes Potenzial.

TNT und andere nitroaromatische Verbindungen sind für die Bauwirtschaft insbesondere im Rahmen der Sanierung von → Rüstungsaltlasten, wie z. B. Sprengstofffabriken oder Sprengplätzen von Bedeutung.

Die folgende Abbildung zeigt die Strukturformel von TNT:

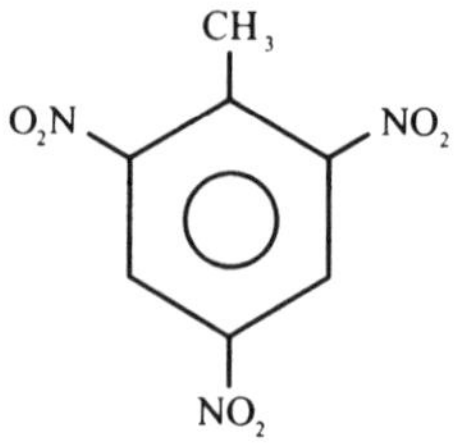

Trinitrotoluol (TNT)

Trichlorethen

Trichlorethen (Tri) gehört zur Verbindungsklasse der → Leichtflüchtigen halogenierten Kohlenwasserstoffe (LHKW) und wurde überwiegend als technisches Lösemittel zur Reinigung und Entfettung eingesetzt.

Für Tetrachlorethen besteht der begründete Verdacht auf krebserzeugendes Potenzial.

Aufgrund seiner chemisch-physikalischen Eigenschaften (geringe Viskosität, hohe Flüchtigkeit) führte der unsachgemäße Umgang mit Trichlorethen neben Kontaminationen des Bodens oft auch zu Verunreinigungen der Umweltmedien Bodenluft und Grundwasser.

Für die Bauwirtschaft ist Trichlorethen insbesondere als Schadstoff bei der Sanierung von → Altlasten wie chemischen Reinigungen oder Betrieben der Metallverarbeitung von Bedeutung.

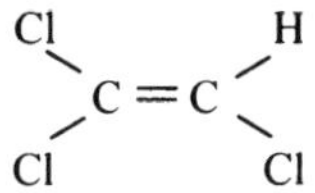

Trichlorethen (Tri)

Überplanung

Unter Überplanung versteht man in der Altlastenpraxis die Ausweisung von Wohngebieten im Bebauungsplan oder die Erteilung von Baugenehmigungen auf kontaminierten Grundstücken durch die zuständigen Behörden.

Beispiele für die Überplanung von Altlasten sind der „Fall Bielefeld“ (Überplanung einer ehemaligen Mülldeponie, BGH-Urteil vom 26.01.89) oder der „Fall Dortmund–Dorstfeld“ (Überplanung eines ehemaligen Zechen- und Industriegeländes, BGH-Urteil vom 21.12.89).

Ubiquitär

Unter ubiquitär (lat. ubique = überall) versteht man in der Umwelttechnik die Verbreitung von Schadstoffen in allen Umweltmedien.

Zu ubiquitär nachweisbaren Schadstoffen zählen z. B. Dioxine und PAK (Emissionen von Kraftfahrzeugen, Flugzeugen, Kraftwerken), Asbest (Abrieb von Dacheindeckungen) oder PCB (Herstellung und Verwendung).

Umwelt-Analytik

Gegenstand der Umwelt-Analytik ist die chemisch-physikalische Bestimmung umweltrelevanter Schadstoffe in festen, flüssigen oder gasförmigen Medien.

Gängige Untersuchungsmethoden der Umwelt-Analytik sind z. B. die Rasterelektronen-Mikroskopie (REM) zur Bestimmung von Asbest, die Atom-Adsorptionsspektroskopie (AAS) zum Nachweis von Schwermetallen oder die Gaschromatographie (GC) für Schadstoffe wie PAK, PCB oder Dioxine.

Im Bereich der Altlastensanierung dient die chemische Untersuchung von Boden-, Bodenluft- und Grundwasser-Proben insbesondere der Abschätzung einer möglichen Gefährdung des Menschen und damit zur Festlegung eventuell erforderlicher Sanierungsmaßnahmen.

Vor Entsorgung von Bauabfällen wie z. B. Erdaushub, Bauschutt oder Abbruchholz ist es in der Regel erforderlich, diese Abfälle im Rahmen einer → Deklarationsanalyse auf verschiedene, mögliche Schadstoffe zu untersuchen, um die Zulässigkeit eines geplanten Entsorgungsweges zu prüfen.

Zum Nachweis des Erfolgs einer Gebäude-Sanierung werden entnommene Raumluft-Proben auf Bauschadstoffe wie Asbest oder PCB untersucht.

Schadstoff-Konzentration	Kurz-Bezeichnung	Boden-Belastung	Erläuterung
Prozent (1 Hundertstel)	% (10^{-2})	10 g / kg	g = Gramm
Promille (1 Tausendstel)	‰ (10^{-3})	1000 mg / kg	mg = Milligramm
Part per million (1 Millionstel)	ppm (10^{-6})	1000 µg / kg	µg = Mikrogramm
Part per billion (1 Milliardstel)	ppb (10^{-9})	1000 ng / kg	ng = Nanogramm
Part per trillion (1 Billionstel)	ppt (10^{-12})	1000 pg / kg	pg = Picogramm

Konzentrationsangaben in der Umweltanalytik

Umwelt-Haftungsrecht

Das Umwelthaftungsrecht regelt Schadensersatzansprüche zum Ausgleich von Umweltschäden.

Für die Bauwirtschaft von Bedeutung ist hierbei insbesondere die verschuldungsunabhängige Gefährdungshaftung des Umwelthaftungsgesetzes (UmweltHG) sowie des Wasserhaushaltsgesetzes (WHG).

Das UmweltHG verpflichtet Inhaber von Anlagen, von denen eine schädliche Umwelteinwirkung ausgeht zum Ersatz der hierdurch entstandenen Sach- und Personenschäden.

Neben Anlagen von Gewerbe und Industrie umfasst der Anlagebegriff nach UmweltHG auch einzelne Geräte, Maschinen und Fahrzeuge.

Unter Umwelteinwirkungen werden Stoffe, Erschütterungen, Geräusche, Druck, Strahlung, Gase, Dämpfe, Wärme oder sonstige Erscheinungen zusammengefasst.

Das UmweltHG findet keine Anwendung für Schäden, die vor seinem Inkrafttreten (01.01.1991) verursacht wurden, worunter insbesondere → Altlasten fallen. Ausgenommen hiervon sind stetige Schadstoffeinträge in Grundwasser oder Boden, die sich aus der Vergangenheit über den 01.01.1991 hinaus erstrecken.

Das Wasserhaushaltsgesetz (§ 22 WHG) regelt die Gefährdungshaftung bei Änderungen der Beschaffenheit des Wassers (oberirdische Gewässer, Küstengewässer, Grundwasser).

Zum Schadensersatz verpflichtet ist demnach derjenige, der in ein Gewässer Stoffe einbringt oder einleitet oder wer auf ein Gewässer derart einwirkt, dass die physikalische, chemische oder biologische Beschaffenheit des Wassers verändert wird.

Für Schäden haftet des Weiteren der Inhaber einer Anlage, die bestimmt ist, Stoffe herzustellen, zu verarbeiten, zu lagern, abzulagern, zu befördern oder wegzuleiten, wenn aus dieser Anlage Stoffe gelangen, die die Beschaffenheit des Wassers in o. g. Sinne verändern.

Umwelt-Recht

Mit über 2000 umweltrechtlichen Bestimmungen in Bundes- und Landes-Gesetzen, Durchführungs-Verordnungen, Verwaltungsvorschriften, Technischen Regeln, Baubestimmungen, Merkblättern und Richtlinien ist das Umweltrecht in Deutschland kaum noch überschaubar.

Das Umweltrecht wird üblicherweise eingeteilt in das private Umweltrecht zur Regelung der Rechtsbeziehungen zwischen den einzelnen Bürgern sowie das öffentliche Umweltrecht zur Klärung der Rechtsverhältnisse Bürger–Staat.

Für die am Bau Beteiligten relevant ist zunächst das öffentliche Umweltrecht. Hierzu zählen z. B. das Bundes-Bodenschutzgesetz zur Regelung von Baugrund-Kontaminationen/Altlasten oder das Kreislaufwirtschafts- und Abfallgesetz, das die Entsorgung der im Rahmen von Bauvorhaben anfallenden Bauabfälle regelt.

Zur Sanktionierung von Umweltdelikten dienen verschiedene Vorschriften des → Umweltstrafrechts, insbesondere Abschnitt 29 des Strafgesetzbuches mit dem Titel Straftaten gegen die Umwelt.

Für die Bauwirtschaft von Bedeutung ist des Weiteren das private Umweltrecht in Form des → Umwelthaftungsrechts bzw. → Wasserhaushaltsgesetz.

Die folgende Abbildung gibt einen Überblick über wesentliche Umweltgesetze für die am Bau beteiligten Personen.

Thema	Relevante Bundesgesetze
Altlasten	• Bundes-Bodenschutzgesetz (BBodSchG)
Arbeitsschutz	• Arbeitsschutzgesetz (ArbSchG) • Chemikaliengesetz (ChemG)
Bauabfälle	• Kreislaufwirtschaftsgesetz (KrWG)
Lärm, Staub	• Bundes-Immissionsschutzgesetz (BImSchG)
Naturschutz	• Bundes-Naturschutzgesetz (BNatSchG)
Umweltdelikte	• Strafgesetzbuch (§§ 324 ff StGB)
Umwelthaftung	• Umwelt-Haftungsgesetz (UmweltHG) • Wasserhaushaltsgesetz (§ 22 WHG)
Umwelt-Verträglichkeit	• Umwelt-Verträglichkeitsprüfungsgesetz (UVPG) • Baugesetzbuch (BauGB)
Wasserhaltung	• Wasserhaushaltsgesetz (WHG)

Umweltrecht am Bau

Umwelt-Strafrecht

Strafvorschriften zum Schutz der Umwelt finden sich sowohl im Strafgesetzbuch (StGB) als auch in verschiedenen anderen Gesetzen wie z. B. dem Bundes-Naturschutzgesetz, dem Chemikaliengesetz, dem Gentechnikgesetz oder dem Sprengstoffgesetz.

Das Umwelt-Strafrecht behandelt die Ahndung schwerer Gesetzesverletzungen mit sozialschädlichem Charakter.

Straftaten gegen die Umwelt werden als sogenannte Offizialdelikte grundsätzlich ohne Rücksicht auf den Willen des Verletzten von Amts wegen verfolgt.

Voraussetzung für die Strafverfolgung durch die Staatsanwaltschaft ist ein konkreter Anfangsverdacht für das Vorliegen einer Umweltstraftat.

Für die am Bau Beteiligten von Bedeutung ist insbesondere Abschnitt 29 des Strafgesetzbuches (Straftaten gegen die Umwelt) in Form der §§ 324, 324 a StGB (Verunreinigung von Boden und Gewässern), des § 326 StGB (umweltgefährdende Beseitigung von (Bau-)Abfällen) sowie des § 327 StGB (Errichtung und Betrieb von Anlagen zu Behandlung bzw. Entsorgung von (Bau-)Abfällen).

Die folgende Abbildung zeigt die für die Bauwirtschaft relevanten Strafvorschriften sowie das jeweilige Strafmaß.

Strafgesetzbuch	Titel	Strafmaß
§ 324 StGB	Gewässerverunreinigung	Freiheitsstrafe bis 5 Jahre oder Geldstrafe
§ 324 a StGB	Bodenverunreinigung	Freiheitsstrafe bis 5 Jahre oder Geldstrafe
§ 326 StGB	Unerlaubter Umgang mit gefährlichen Abfällen	Freiheitsstrafe bis 5 Jahre oder Geldstrafe
§ 327 StGB	Unerlaubtes Betreiben von Anlagen	Freiheitsstrafe bis 5 Jahre oder Geldstrafe
§ 330 StGB	Besonders schwerer Fall einer Umweltstraftat nach §§ 324 - 329 StGB	Freiheitsstrafe bis 10 Jahre

Umwelt-Straftaten am Bau

Umwelt-Verträglichkeitsprüfung

Auf Grundlage einer von Gutachtern durchgeführten Umwelt-Verträglichkeitsprüfung (UVP) prüft die für ein Vorhaben zuständige Behörde unter Einbeziehung der Öffentlichkeit die Auswirkungen eines Projektes auf die Umwelt.

UVP-Gutachten werden häufig auch als Umwelt-Verträglichkeitsuntersuchungen (UVU) oder Umwelt-Verträglichkeitsstudien (UVS) bezeichnet.

Zu UVP-pflichtigen Vorhaben zählen gemäß Gesetz über die Umwelt-Verträglichkeitsprüfung (UVPG) vom 12.02.1990 insbesondere die Errichtung, der Betrieb oder die wesentliche Änderung von baulichen Anlagen, wie z. B. Verkehrsstraßen, Hotelkomplexen, Einkaufzentren oder Deponien.

Umwelt-Verträglichkeitsprüfungen haben als Teil des verwaltungsbehördlichen Genehmigungsverfahrens wesentlichen Einfluss auf Wirtschaftlichkeit und Durchführbarkeit von Bauvorhaben.

Bauherren, Architekten und Planer sollten daher immer dann, wenn es um größere Bauprojekte geht, frühzeitig mit der zuständigen Behörde Kontakt aufnehmen, und prüfen, ob für das geplante Bauvorhaben eine Umwelt-Verträglichkeitsprüfung erforderlich ist.

Die folgende Abbildung zeigt das Ablaufdiagramm für ein UVP-pflichtiges Vorhaben.

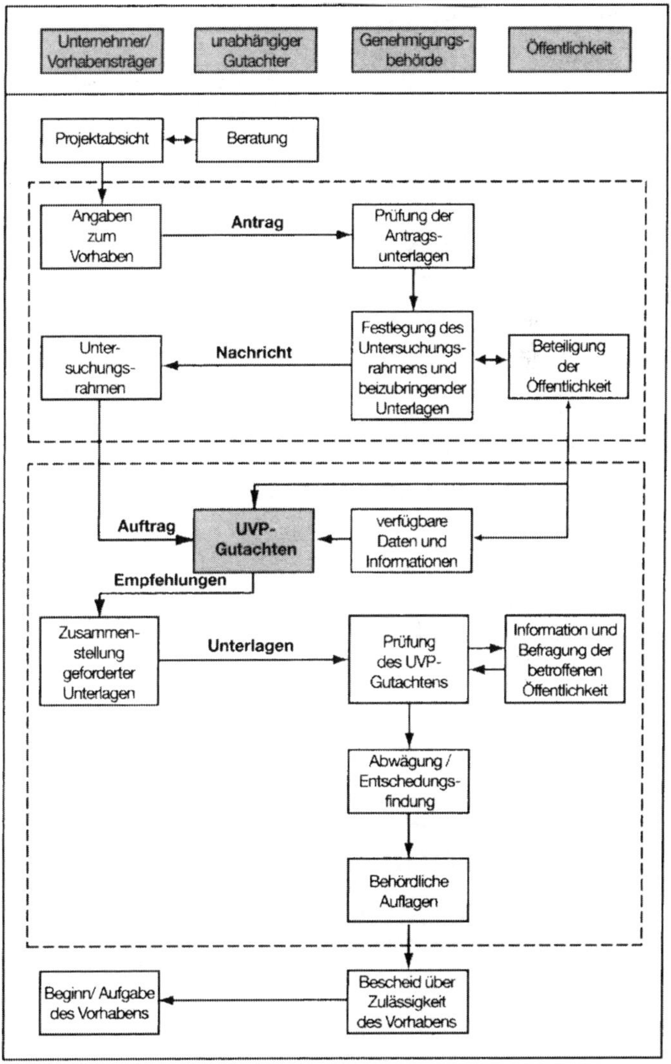

UVP-Ablaufdiagramm

Untertage-Deponie

Durch Ablagerung in einer Untertage-Deponie (UTD) werden umweltgefährdende Abfälle dauerhaft aus der Kreislaufwirtschaft ausgeschlossen.

Die Einlagerung der Abfälle erfolgt meistens in bereits abgebauten Salzbergwerken wie z. B. der UTD Herfa-Neurode (Hessen), da diese Gesteinsformationen als besonders sicher gelten.

An die Art der eingelagerten Abfälle werden von den Deponiebetreibern besondere Anforderungen gestellt. So dürfen UTD-Abfälle unter Ablagerungsbedingungen z. B. nicht explosibel, selbstentzündlich oder gasbildend sein.

Zu UTD-Abfällen, die im Rahmen von Bauvorhaben anfallen zählen z. B. kontaminierter Erdaushub, PCB-haltige Kondensatoren oder Bruch von Leuchtstoffröhren.

Abfallerzeuger (Bauherren, Bauunternehmer) müssen bei der Entsorgung von Abfällen in einer Untertagedeponie die Einlagerungsbedingungen des Deponiebetreibers (z. B. Stahlfässer oder Container) beachten.

Verdachtsfläche

Das Bundes-Bodenschutzgesetz definiert Verdachtsfläche als Grundstück, bei dem der Verdacht einer → schädlicher Bodenveränderungen besteht (§ 2 BBodSchG).

Ein Verdacht im Sinne des Gesetzes ist beispielsweise dann gegeben, wenn aufgrund der früheren Nutzung eines Grundstücks oder aufgrund konkreter Schadensfälle (Unfälle, Kriegsereignisse) tatsächliche Anhaltspunkte für eine schädliche Bodenveränderung vorliegen.

Die umwelttechnische Untersuchung von Verdachtsflächen auf mögliche Schadstoffeinträge ist für Bauherrn bzw. Grundstückseigentümer immer dann erforderlich, wenn im Vorfeld von Baumaßnahmen oder geplanten Grundstücksverkäufen die Altlastenfrage geklärt werden soll.

Verhaltensverantwortlicher

Unter Verhaltensverantwortlichen versteht man im Umweltrecht natürliche oder juristische Personen, durch deren Tun oder Unterlassen eine Gefahr für die Umwelt unmittelbar verursacht wird.

Verhaltensverantwortliche (Handlungsverantwortliche, Handlungsstörer) können verschuldungsunabhängig von der zuständigen Altlastenbehörde zur Sanierung einer → Altlast in Anspruch genommen werden.

Verunreinigung

→ schädliche Bodenveränderung

Verwertung

Gemäß → Kreislaufwirtschaftgesetz können Abfälle sowohl durch Beseitigung (z. B. durch Deponierung) als auch durch Verwertung entsorgt werden.

Bei der Verwertung von Abfällen wird grundsätzlich zwischen der stofflichen und der energetischen Verwertung unterschieden.

Während im Rahmen der stofflichen Verwertung aus Abfällen (Sekundär-)Rohstoffe gewonnen werden, beinhaltet die energetische Verwertung den Einsatz von Abfällen als Ersatzbrennstoff zur Energiegewinnung.

Für die Erzeuger von Bauabfällen von Bedeutung ist zunächst der Vorrang der Verwertung vor der Abfallbeseitigung, soweit dies technisch möglich und wirtschaftlich zumutbar ist.

Bei Bauvorhaben ist generell zu beachten, die hierbei anfallenden Abfälle wie z. B. Holzabfälle, Metalle, Dachpappe, Bauschutt, Asbest-Produkte nach Fraktionen getrennt bereitzustellen und einer separaten Entsorgung zuzuführen.

Vorsorgepflicht

Der Grundstückseigentümer, der Inhaber der tatsächlichen Gewalt über ein Grundstück und derjenige, der Verrichtungen auf einem Grundstück durchführt oder durchführen lässt, die zu Veränderungen der Bodenbeschaffenheit führen können, ist gemäß § 7 Bundesbodenschutzgesetz verpflichtet, Vorsorge gegen das Entstehen schädlicher Bodenveränderungen zu treffen, die durch ihre Nutzung auf dem Grundstück oder in dessen Einwirkungsbereich hervorgerufen werden können.

Vorsorgemaßnahmen sind dann geboten, wenn wegen der räumlichen, langfristigen oder komplexen Auswirkungen einer Nutzung auf die Bodenfunktionen die Besorgnis einer → schädlichen Bodenveränderung besteht.

Zur Erfüllung der Vorsorgepflicht sind Bodeneinwirkungen zu vermeiden oder zu vermindern, soweit dies im Hinblick auf den Zweck der Nutzung des Grundstücks verhältnismäßig ist.

Vorsorgeuntersuchungen

→ Arbeitsmedizinische Vorsorgeuntersuchungen

Vorsorgewert

Konzentration eines Schadstoffes im Boden, bei dessen Überschreiten unter Berücksichtigung von geogenen oder großflächig siedlungsbedingten Schadstoffgehalten in der Regel davon auszugehen ist, dass die Besorgnis einer → schädlichen Bodenveränderung besteht (§ 8 BBodSchG).

Die Bundes-Bodenschutz- und Altlastenverordnung unterscheidet bodenabhängige Vorsorgewerte für Schwermetalle und organische Stoffe.

Wasserhaushaltsgesetz

Das Gesetz zur Ordnung des Wasserhaushalts (Wasserhaushaltsgesetz-WHG) regelt als Bundesgesetz den Schutz von Gewässern bei Eingriffen in den Wasserhaushalt.

Unter Gewässern werden hierbei sowohl oberirdische Gewässer und Küstengewässer als auch das Grundwasser zusammengefasst.

Für die Bauwirtschaft ist das WHG zunächst im Rahmen der genehmigungspflichtigen Bauwasserhaltung (§ 2 WHG) von Bedeutung.

Das Wasserhaushaltsgesetz (§ 22 WHG) regelt des Weiteren die verschuldungsunabhängige Gefährdungshaftung (→ Umwelt-Haftungsrecht) für stoff- oder anlagenbedingte Gewässerschäden.

Weißbereich

Unter einem Weißbereich versteht man den bei → Arbeiten in kontaminierten Bereichen nicht durch Schadstoffe verunreinigten Bereich.

Im Weißbereich befinden sich z. B. die Aufenthalts- und Umkleideräume der Sanierungsfachkräfte oder die Büros der aufsichtsführenden Bauleitung.

Der Weißbereich ist vom Sanierungsbereich („Schwarzbereich") in der Regel durch spezielle Schleusen getrennt, so dass keine Verschleppung der jeweiligen Schadstoffe stattfinden kann.

Wertausgleich

Das Verfahren des Wertausgleiches, mit Inkrafttreten des Bundes-Bodenschutzgesetzes (1999) eingeführt, besagt, dass bei Sanierung einer → Altlast mit öffentlichen Mitteln der Grundstückseigentümer der Behörde einen Wertausgleich in Höhe der Differenz des Grundstückswertes vor und nach der Sanierung zu leisten hat.

Für Bauherren ist wichtig, dass dieser Ausgleichsbetrag als öffentliche Last auf dem Grundstück ruht und bei Abschluss von Grundstückskaufverträgen berücksichtigt werden muss.

WHO-Fasern

Unter WHO-Fasern versteht die Weltgesundheitsorganisation (WHO) Fasen mit bestimmten, kritischen Abmessungen (Faserlänge L > 5 µm, Faserdicke D < 3 µm, L : D > 3).

Die Bauwirtschaft ist von WHO-Fasern insbesondere beim Einbau und der Demontage von Mineralwolle-Dämmstoffen zur Wärme- und Schallisolation im Bereich des Hochbaus betroffen.

Hierbei muss bei Mineralwoll-Produkten, die vor dem Jahr 1996 eingebaut wurden, sogenannten alten Mineralwollprodukten, grundsätzlich vom Verdacht des krebserzeugenden Potenzials ausgegangen werden.

Beim Umgang mit alten Mineralwoll-Produkten, die Faserstäube freisetzen können ist die Technische Regel für Gefahrstoffe TRGS Nr. 521: Abbruch, Sanierungs- und Instandhaltungsarbeiten mit alter Mineralwolle zu beachten.

Wirkungspfad

Weg eines Schadstoffes von der Schadstoffquelle bis zu dem Ort einer möglichen Wirkung auf ein Schutzgut (§ 2 BBodSchV). Die Bundes-Bodenschutzverordnung unterscheidet 3 Wirkungspfade:

1. Wirkungspfad Boden – Mensch,
2. Wirkungspfad Boden – Nutzpflanze,
3. Wirkungspfad Boden – Grundwasser.

Die Untersuchung der Wirkungspfade von Schadstoffen auf Schutzgüter ist insbesondere von Bedeutung zur Abschätzung der von Altlasten oder altlastverdächtigen Flächen ausgehenden Gefährdung und damit zur Festlegung von Sanierungsmaßnahmen durch die zuständige Altlastenbehörde.

Zuordnungswerte

Unter Zuordnungswerten (Z-Werte) versteht man ein von der Länderarbeitsgemeinschaft Abfall (LAGA) für Böden erarbeitetes System maximal zulässiger Schadstoff-Konzentrationen zur Regelung der Verwendung von Böden im Erd-, Straßen-, Landschafts- und Deponiebau sowie bei der Verfüllung von Baugruben oder Rekultivierungsmaßnahmen.

Je nach Schadstoff-Gehalt der Böden werden unterschiedlich hohe Anforderungen an deren Einbau gestellt.

Die folgende Abbildung zeigt die verschiedenen Zuordnungswerte der LAGA sowie deren Einbauklassen.

Zuordnungswert (Obergrenze der Einbauklasse)	Einbauklasse
Z 0	uneingeschränkter Einbau
Z 1	eingeschränkter offener Einbau
Z 2	eingeschränkter Einbau mit definierten technischen Sicherungsmaßnahmen
Z 3	Einbau in Deponien Deponieklasse I (TA Siedlungsabfall)
Z 4	Einbau in Deponien Deponieklasse II (TA Siedlungsabfall)
Z 5	Einbau in Deponien Sonderabfalldeponie (TA Abfall)

Zuordnungswerte LAGA

Zustandsstörer

Unter Zustandsstörer (Zustandsverantwortlicher) versteht man im Umweltrecht Grundstückseigentümer oder Inhaber der tatsächlichen Sachgewalt (Besitzer), von deren Grundstück eine Gefahr für die Umwelt ausgeht.

Zustandsstörer können verschuldungsunabhängig von der zuständigen Behörde zur Sanierung (Gefahrenabwehr) von Altlasten in Anspruch genommen werden (§ 4 BBodSchG).

Auch der ehemalige Grundstückseigentümer kann unter den Voraussetzungen des § 4 BBodSchG (Zeitpunkt des Eigentumübertrags, Kenntnis der Altlast, Gutgläubigkeit) zur Sanierung einer Altlast herangezogen werden.

Für Eigentümer/Besitzer von Grundstücken ist es wichtig zu wissen, dass eine Zustandsverantwortlichkeit für Grundwasser-Verunreinigungen nur dann besteht, wenn die Grundwasser-Kontamination nachweislich durch das darüberliegende Erdreich des Betroffenen verursacht wurde.

Z-Werte

→ Zuordnungswerte

Zwischenlagerung

Unter Zwischenlagerung versteht man die zeitlich befristete Lagerung von → Abfällen zum Zwecke der späteren Entsorgung.

Die Zwischenlagerung von Abfällen ist für die Bauwirtschaft insbesondere dann von Bedeutung, wenn im Rahmen von Bauvorhaben kontaminierte Massenabfälle wie z. B. Bauschutt oder Erdaushub mit schädlichen Verunreinigungen anfallen, die – aus verschiedenen Gründen – nicht direkt entsorgt werden können.

Bei einer Zwischenlagerung kontaminierter Bauabfälle am Anfallort sind diese grundsätzlich so bereitzustellen, dass das Wohl der Allgemeinheit insbesondere das Schutzgut Grundwasser nicht beeinträchtigt wird.

Die im Einzelnen zu treffenden Vorkehrungen sind abhängig von Art und Umfang der Verunreinigungen und umfassen z. B. wasserundurchlässige Bereitstellungsflächen, die Abdeckung der Abfälle zum Schutz gegen Niederschlagswasser oder die kontrollierte Ableitung anfallenden Oberflächenwassers.

Die Zwischenlagerung von Bauabfällen zum Zwecke der Beseitigung über einen längeren Zeitraum außerhalb des Anfallortes bedarf der Genehmigung durch die zuständige Abfallbehörde.

Anhang

S. Kaub, *Umwelt-Ratgeber BAU*, DOI 10.1007/978-3-658-09443-0

Parameter	Einheit	Z 0	Z 1.1	Z 1.2	Z 2
pH-Wert (1)	-	5,5 - 8	5,5 - 8	5 - 9	-
EOX	mg/ kg	1	3	10	15
Kohlenwasserstoffe	mg/ kg	100	300	500	1000
Summe BTEX	mg/ kg	< 1	1	3	5
Summe LHKW	mg/ kg	< 1	1	3	5
Summe PAK nach EPA	mg/ kg	1	5 (2)	15 (3)	20
Summe PCB (DIN 51527)	mg/ kg	0,02	0,1	0,5	1
Arsen	mg/ kg	20	30	50	150
Blei	mg/ kg	100	200	300	1000
Cadmium	mg/ kg	0,6	1	3	10
Chrom (gesamt)	mg/ kg	50	100	200	600
Kupfer	mg/ kg	40	100	200	600
Nickel	mg/ kg	40	100	200	600
Quecksilber	mg/ kg	0,3	1	3	10
Thallium	mg/ kg	0,5	1	3	10
Zink	mg/ kg	120	300	500	1500
Cyanide (gesamt)	mg/ kg	1	10	30	100

LAGA Zuordnungswerte Boden (Feststoff)

1) Niedrigere pH-Werte stellen allein kein Ausschußkriterium dar. Bei Überschreitungen ist die Ursache zu prüfen

2) Einzelwerte für Naphthalin und Benzo-a-pyren jeweils kleiner als 0,5

3) Einzelwerte für Naphthalin und Benzo-a-pyren jeweils kleiner als 1

Parameter	Einheit	Z 0	Z 1.1	Z 1.2	Z 2
pH-Wert (1)	-	6,5 - 9	6,5 - 9	6 - 12	5,5 - 12
el. Leitfähigkeit	µS / cm	500	500	1000	1500
Chlorid	mg/ L	10	10	20	30
Sulfat	mg/ L	50	50	100	150
Cyanide (gesamt)	µg/ L	< 10	10	50	100 (3)
Phenolindex (2)	µg/ L	< 10	10	50	100
Arsen	µg/ L	10	10	40	60
Blei	µg/ L	20	40	100	200
Cadmium	µg/ L	2	2	5	10
Chrom (gesamt)	µg/ L	15	30	75	150
Kupfer	µg/ L	50	50	150	300
Nickel	µg/ L	40	50	150	200
Quecksilber	µg/ L	0,2	0,2	1	2
Thallium	µg/ L	< 1	1	3	5
Zink	µg/ L	100	100	300	600

LAGA Zuordnungswerte Boden (Eluat)

1) Niedrigere pH-Werte stellen allein kein Ausschußkriterium dar. Bei Überschreitungen ist die Ursache zu prüfen

2) Bei Überschreitungen ist die Ursache zu prüfen. Höhere Gehalte , die auf Huminstoffe zurückzuführen sind stellen kein Ausschußkriterium dar.

3) Verwertung für Z 2 > 100 µg / L ist zulässig, wenn Z 2 Cyanide (leicht freisetzbar) < 50 µg / L

17	BAU- UND ABBRUCHABFÄLLE (EINSCHLIESSLICH AUSHUB VON VERUNREINIGTEN STANDORTEN)
17 01	**Beton, Ziegel, Fliesen und Keramik**
17 01 01	Beton
17 01 02	Ziegel
17 01 03	Fliesen, Ziegel und Keramik
17 01 06*	Gemische aus oder getrennte Fraktionen von Beton, Ziegeln, Fliesen und Keramik, die gefährliche Stoffe enthalten
17 01 07	Gemische aus Beton, Ziegeln, Fliesen und Keramik mit Ausnahme derjenigen, die unter 17 01 06 fallen
17 02	**Holz, Glas und Kunststoff**
17 02 01	Holz
17 02 02	Glas
17 02 03	Kunststoff
17 02 04*	Glas, Kunststoff und Holz, die gefährliche Stoffe enthalten oder durch gefährliche Stoffe verunreinigt sind
17 03	**Bitumengemische, Kohlenteer und teerhaltige Produkte**
17 03 01*	kohlenteerhaltige Bitumengemische
17 03 02	Bitumengemische mit Ausnahme derjenigen, die unter 17 03 01 fallen
17 03 03*	Kohlenteer und teerhaltige Produkte
17 04	**Metalle (einschließlich Legierungen)**
17 04 01	Kupfer, Bronze, Messing
17 04 02	Aluminium
17 04 03	Blei
17 04 04	Zink
17 04 05	Eisen und Stahl
17 04 06	Zinn
17 04 07	gemischte Metalle
17 04 09*	Metallabfälle, die durch gefährliche Stoffe verunreinigt sind
17 04 10*	Kabel, die Öl, Kohlenteer oder andere gefährliche Stoffe enthalten
17 04 11	Kabel mit Ausnahme derjenigen, die unter 17 04 10 fallen
17 05	**Boden (einschließlich Aushub von verunreinigten Standorten), Steine und Baggergut**
17 05 03*	Boden und Steine, die gefährliche Stoffe enthalten
17 05 04	Boden und Steine mit Ausnahme derjenigen, die unter 17 05 03 fallen
17 05 05*	Baggergut, das gefährliche Stoffe enthält
17 05 06	Baggergut mit Ausnahme desjenigen, das unter 17 05 05 fällt
17 05 07*	Gleisschotter, der gefährliche Stoffe enthält
17 05 08	Gleisschotter mit Ausnahme desjenigen, der unter 17 05 07 fällt
17 06	**Dämmmaterial und asbesthaltige Baustoffe**
17 06 01*	Dämmmaterial, das Asbest enthält
17 06 03*	anderes Dämmmaterial, das aus gefährlichen Stoffen besteht oder solche Stoffe enthält
17 06 04	Dämmmaterial mit Ausnahme desjenigen, das unter 17·06 01 und 17 06 03 fällt
17 06 05*	asbesthaltige Baustoffe
17 08	**Baustoffe auf Gipsbasis**
17 08 01*	Baustoffe auf Gipsbasis, die durch gefährliche Stoffe verunreinigt sind
17 08 02	Baustoffe auf Gipsbasis mit Ausnahme derjenigen, die unter 17 08 01 fallen
17 09	**Sonstige Bau- und Abbruchabfälle**
17 09 01*	Bau- und Abbruchabfälle, die Quecksilber enthalten
17 09 02*	Bau- und Abbruchabfälle, die PCB enthalten (z.B. PCB-haltige Dichtungsmassen, PCB-haltige Bodenbeläge auf Harzbasis, PCB-haltige Isolierverglasungen, PCB-haltige Kondensatoren)
17 09 03*	sonstige Bau- und Abbruchabfälle (einschließlich gemischte Abfälle), die gefährliche Stoffe enthalten
17 09 04	gemischte Bau- und Abbruchabfälle mit Ausnahme derjenigen, die unter 17 09 01, 17 09 02 und 17 09 03 fallen

Bau- und Abbruchabfälle (gemäß AVV)

Weiterführende Literatur

1 Bickel, Christian: Bundes-Bodenschutzgesetz – Kommentar. Köln 2000

2 Burmeier, Dreschmann et al: Sicheres Arbeiten auf Altlasten – Handlungsanleitungen für Aufsichtsbehörden, Planer und Ausführende

3 Gihr, Regine; Daniel, Bernd et al: Altlastenanalytik – Parameterliste zur branchenspezifischen Auswahl von Analyseparametern für Altstandorte. Landsberg 1990

4 Göbel, Wolfgang: Gefahrstoff-ABC. Landsberg 1991

5 Hempfling, Reinhold; Stubenrauch, Steffen (Hrsg.): Schadstoffe in Gebäuden – Erkennen, Bewerten, Sanieren, Vermeiden. Taunusstein 1994

6 Hölting, Bernward: Hyrdogeologie – Einführung in die Allgemeine und Angewandte Hydrogeologie. Stuttgart 1992

7 Hoppe, Werner; Beckmann, Martin; Kauch, Petra Umweltrecht. München 2000

8 Knopp, Lothar; Albrecht Eike: Altlastenrecht in der Praxis Unter Berücksichtigung des Bundes-Bodenschutzgesetzes. Herne/Berlin 1992

9 Koch, Rainer: Umweltchemikalien – Physikalisch-chemische Daten, Toxizitäten, Grenz- und Richtwerte, Umweltverhalten Weinheim 1995

10 Landesanstalt für Umweltschutz Baden-Württemberg: Handbuch Bodenwäsche. Stuttgart 1992

11 Landesanstalt für Umweltschutz Baden-Württemberg: Handbuch Altlasten – Genehmigungserfordernisse bei der Altlastbearbeitung. Stuttgart 1995

12 Müller, Volker: Sonderabfallentsorgung in der Bundesrepublik Deutschland. Hannover 1994

13 Neumaier, Hermann; Weber, Hans (Hrsg.): Altlasten – Erkennen, Bewerten, Sanieren. Berlin 1996

14 Schultheiß, Sylvia; Goos, Wolfgang: Altlasten – Eine Einführung für Naturwissenschaftler, Ingenieure und Planer. Köln 1993

15 UVP Förderverein (Hrsg.): Umweltverträglichkeitsprüfung – Leitfaden für Unternehmer. Hamm 1990

16 Zentralverband des Deutschen Baugewerbes (Hrsg.): Umweltgerechter und kostensparender Umgang mit Bauabfällen. Bonn 1997

17 Verordnung zum Schutz vor Gefahrstoffen (Gefahrstoff-Verordnung – GefStoffV) 23.12.2004

18 Gesetz zur Förderung der Kreislaufwirtschaft und Sicherung der umweltverträglichen Bewirtschaftung von Abfällen (Kreislaufwirtschaftsgesetz – KrWG) 24.02.2012

19 Gesetz zum Schutz vor schädlichen Bodenveränderungen und zur Sanierung von Altlasten (Bundes-Bodenschutzgesetz – BBodSchG) 17.03.1998

20 Technische Regel für Gefahrstoffe TRGS 519 Asbest – Abbruch-, Sanierungs und Instandhaltungsarbeiten Ausgabe Januar 2014

21 Technische Regel für Gefahrstoffe TRGS 521 Abbruch-, Sanierungs und Instandhaltungsarbeiten mit alter Mineralwolle, Ausgabe Februar 2008

Druck: KN Digital Printforce GmbH · Schockenriedstraße 37 · 70565 Stuttgart